植栽時間。100種室內園藝裝飾diy

作者◆貝勒•查普曼（Baylor Chapman）
譯者◆趙睿音
執行編輯◆貢舒瑜
美術編輯◆張小珊工作室
校對◆連玉瑩
企畫統籌◆李 橘
總編輯◆莫少閒
出版者◆朱雀文化事業有限公司
地址◆北市基隆路二段13-1號3樓
電話◆（02）2345-1958
傳真◆（02）2345-3828
劃撥帳號◆19234566 朱雀文化事業有限公司
e-mail◆redbook@ms26.hinet.net
網址◆http://redbook.com.tw
總經銷◆大和書報圖書股份有限公司（02）8990-2588
ISBN◆978-986-6029-950
CIP◆435.11
初版一刷◆2015.09
定價◆380元
出版登記◆北市業字第1403號

First published in the United States by Workman Publishing Co., Inc. under the title: THE PLANT RECIPE BOOK:100 Living Arrangements for Any Home in Any Season

Published by arrangement with Workman Publishing Company, Inc., New York.

100種室內園藝裝飾diy

植栽時間。

100 LIVING ARRANGEMENTS
FOR ANY HOME
IN ANY SEASON

THE PLANT RECIPE BOOK

舊金山綠色企業認證的創始人

貝勒•查普曼
Baylor Chapman 著

給

傳授美麗大自然之愛的萊拉

CONTENTS

INTRODUCTION 前言

我成長的地方有著一望無際的綠色丘陵，家裡則有母親的菜園和父親的玉米田環繞，四周全是植物，植物就是我的一切。直到今日，任何綠色的東西都令我目眩神迷。我愛植物，事情就是這麼簡單。

唯一的問題是，如今我過的是高度都市化的生活，綠意並非唾手可得。我的解決之道？讓植物多多益善。不論是為客戶改造婚禮場地，或是想讓房子更有家的感覺，植物總能為我帶來平靜與美好。

剛成立Lila B.設計公司的時候，我很驚訝地發現，有許多人跟我一樣，單純渴望綠意，不光是出現在活動的短短幾個小時，大家還想要一些能夠帶回家的東西，一些能夠延續下去的，因此我創造出越來越多綠活植栽擺設、迷你容器花園，足以媲美任何切枝插花，能擺上好幾個禮拜甚至好幾個月，裡面的植物還可以改種到花園裡去，也可以重新排放；植物的尺寸和形狀多彩多姿，表示我能夠隨心所欲地選擇放置的容器，因此我開始實驗，把各種容器都拿來當花器。

我精心創作的這些綠活植栽，催生了這本書裡的容器花園，有些設計能夠維持到植物的生命週期結束（好好照顧的話，有些還能撐上好幾年），有些則比較短暫——不過就算如此，也可以拆開重組，或是改種到花園裡去。

本書中大部分的植物都很容易取得，少部分比較特別的，則能夠增添多樣性。我把植物照字母順序列出來，用的是屬名（相當於姓氏），也提供了植物學名（相當於名字、中間名、姓），能幫助你找到圖中所使用的特定植物。找不到一模一樣的也別擔心——就用尺寸相近、形狀相似的，可以做出有點不同但一樣好看的盆栽；你也可以跳脫框架，選用自己認為能夠增添顏色、質地，或是形狀有趣的植物，放手去做，親身嘗試，創造出鮮活的藝術吧！

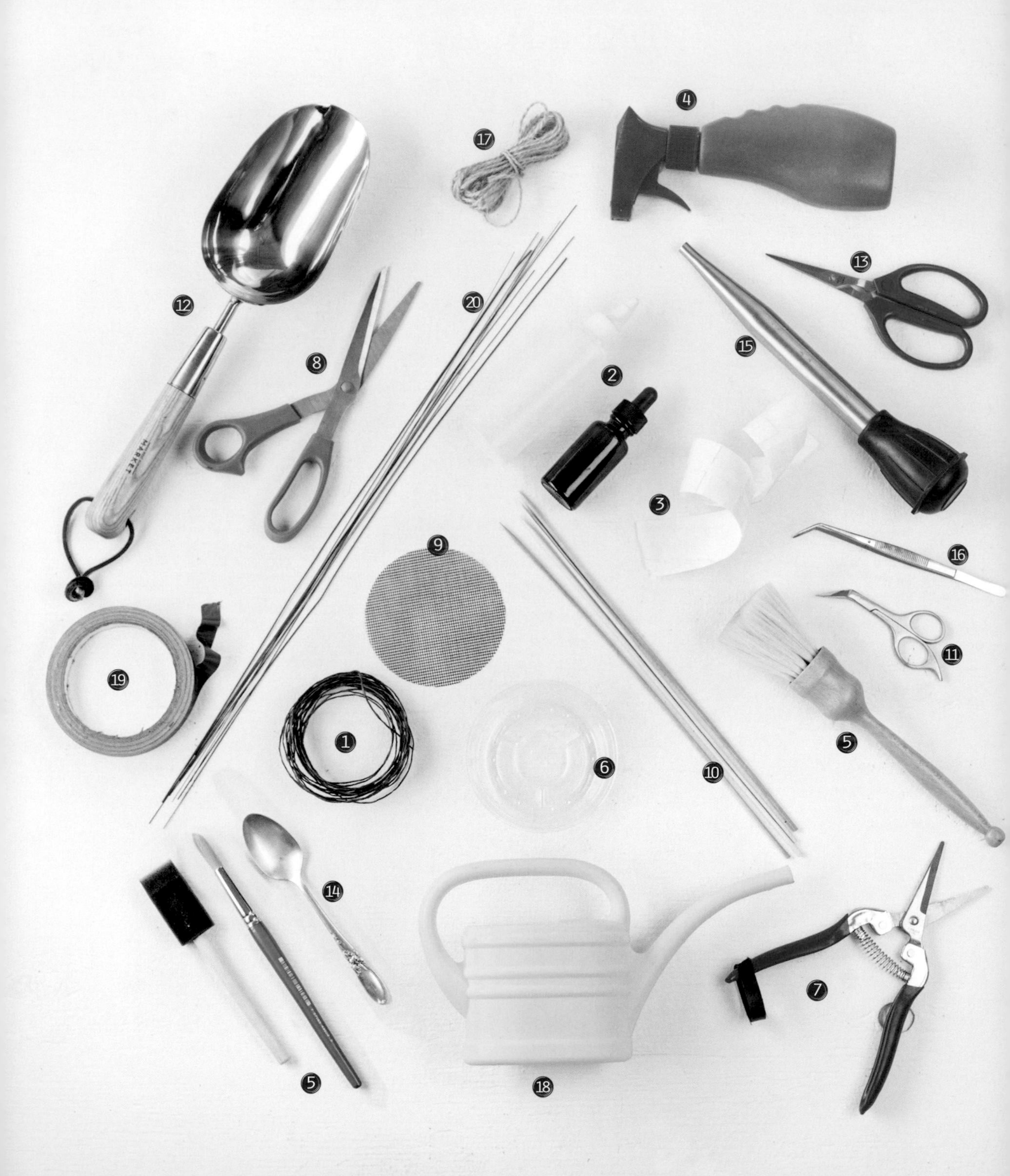
4
17
13
12
20
8
15
2
3
9
16
11
19
1
6
5
10
14
7
5
18

GETTING STARTED 容器花園工具百寶箱

這些是本書中用來製作容器花園的工具

1.絕緣電線：如果枝條太軟，絕緣電線比較柔和，用來把枝條綁成一束或繫在樁上的時候，不會陷進枝條裡。

2.滴管／擠壓瓶：用來幫小花盆或玻璃盆栽澆水。

3.點膠：能夠幫助固定玻璃紙，也可以把空氣鳳梨或葉子固定在牆面上。

4.噴霧瓶：用來增加濕度，輕輕地替葉子澆水。

5.畫筆／修容刷：適合撣掉植物上的灰塵，清理玻璃盆栽的內部。

6.塑膠襯墊（盆或缽狀）：可以滴水不漏地保護表面，避免受潮。

7.園藝剪：用來修剪莖桿比較粗的植物。

8.剪刀：用來剪麻繩（也可以當作園藝剪，修剪大部分的植物）。

9.濾網：蓋住排水孔，避免植物的根部堵塞，防止漏水。

10.竹籤：小木樁可以用來把花莖調整到令人賞心悅目的位置，撐起蘭花軟趴趴的頭部，或是用來扦插肉質植物。

11.小型彎角剪刀：有個彎角，可以用來修剪小地方的小植物。

12.勺子或鏟子：用來移動土壤，或是把土壤從袋子裡鋪到花盆中。

13.小剪刀：用來修剪脆弱的植物。

14.湯匙：用來當作小勺子。

15.虹吸管：讓你可以在狹小的地方澆水，像是葉子旁邊，能夠份量精確地給水。

16.鑷子：方便用來伸進小型玻璃盆栽裡，安排植物樹枝和石頭。

17.麻繩：用來把植物繫在一起，紮苔蘚球或是把植物掛起來。

18.澆水壺：專為澆水設計，裝水容易倒水也容易。

19.防水園藝膠帶：用來密封玻璃紙，也可提供雙重保護，讓花盆不會漏水。

20.鐵絲：用來把樹枝綁在一起，或是把莖部固定在木樁上。

GETTING STARTED 選擇容器

不要認為植物一定要種在傳統的花盆裡才行，看看家裡面——幾乎任何容器（你會發現我的定義很寬鬆），都可以承載植物，大碗、烹飪器具，就連杯子都可以拿來做成容器花園，一截水管、相框、樹枝，都可以經由改造，搖身一變，成為容器花園。

首先要考量生長情況，容器和植物如果能夠盡量配合，花園就能生長良好，也最容易照顧。植物喜歡濕氣嗎？如果是的話，用玻璃瓶做成密閉的玻璃盆栽會是不錯的選擇；植物喜歡乾燥的環境嗎？廣口大碗可以達到這樣的目的；如果植物喜歡置身一池水中，要確保花瓶不會漏水；也得考慮植物的生長習性，扭曲捲繞的藤蔓喜歡爬棚架——那就給它一個支架往上攀，要有可以纏繞的地方，好讓它繼續往其他方向蔓延。

再來要考量尺寸，容器是否容納得下植物？也要想想土壤和根部的需求，還有植物本身的需求，就像人一樣，大部分的植物都可以暫時擠進稍微小一點的空間裡，但是沒辦法撐很久，這就是在本書裡我都會提供尺寸指引的緣故。

接著考量顏色，有時候容器選對顏色，可以讓你的佈置令人感到開心，選錯了則有可能顯得很單調乏味。比如說，毬蘭帶有一抹輕淺粉紅色，如果擺在粉紅色的花瓶裡，就可以凸顯出來，要是換成棕色的，就會消失不見了。

最後要想想整體外觀。你的植栽設計屬於經典款或是像座森林？把蘑菇擺在木塊花盆裡，可能會比擺在絢麗的霓虹色大碗中來得順眼（雖然我得說，有時候這樣的對比看起來很精彩——我也打從心底相信規則是用來打破的）。

有時候最好就讓植物凸顯出來，比如那些瓶子草的細長莖，擺在高高的老式花瓶裡，彷彿像在模仿這種肉食植物的王者地位，看起來壯觀極了。

◇**木框**：很適合用來擺放植物，不管放在裡面或上面都適合，把玩起來很有趣，一旦植物扎根了，框架甚至可以掛在牆壁上，也可以簡單地擺在桌上，當成一個很妙的低矮方形容器。

◇**木箱**：只要打開來鋪上內襯，就是一個趣味橫生、絕對不平凡的花盆。

◇**木塊和木塊花盆**：能把更多的戶外引進室內，當然也需要加上襯墊，以免在桌上留下一灘水。

◇**舊布丁模型、蓮花形狀燭台或其他各種形狀的容器**：是來點樂趣的好機會，可以讓你超有創意。

◇**籃子**：感覺很隨性，甚至有點鄉村的感覺。記得一定要加上襯墊，因為籃子本來是不能弄濕的；有些籃子甚至有彈性，可以緊緊塞滿植物。

◇**玻璃容器**：盆栽能從各個角度欣賞，所以要確保土壤及根部看起來也很美觀，最適合種植喜愛潮濕的植物——尤其是在蓋子封起來的時候。

◇**陶器**：是經典之選，很容易取得，大部分的陶器都有預先打好的排水孔，所以一定要鋪襯墊或是擺在盤子上，以免家具受潮。

◇**粗獷質樸的金屬容器**：有種迷人且飽經風霜的老派情調，也可以放在室外，尤其是銅和錫，擺越久越好看。

◇**附底座花盆**：配上垂墜植物看起來很棒，能夠增添一股浪漫氣息，甚至帶點正式。

GETTING STARTED 土壤及改良劑

本書中的每一種容器，都需要特定的土壤來搭配，好讓植物開心。除了植物和容器，你還需要這些東西才能打造出綠活焦點植栽。

◇**土壤**：土壤基本上用相同的成分混合，但是比例不同，可以讓土壤具有不同的含水或排水率，例如仙人掌栽培土可以迅速排水，混合栽培土則可以讓水分維持久一點，有些袋裝混合栽培土含有濕潤介質或是合成材料，我會盡量避開，堅持使用有機材料。簡單講，本書裡的作法所用到的土壤共有五種：混合栽培土、仙人掌栽培土、肉食植物栽培土、紫羅蘭栽培土、蘭花栽培土。

◇**木炭**：把木炭想成土壤的空氣清淨機，去寵物店或苗圃購買——可不是你用來烤肉的那種炭啊！

◇**肥料**：這本書裡的作法都沒有提到肥料，不過替植物加一點有機肥料很不錯；務必察看標籤上的確切用量和施肥時間，也要確定那適合你所選的植物。

◇**表面裝飾**：可以用額外的裝飾完成植物設計，增添一點潤飾（能蓋住平淡無奇的泥土！）。這些作法需要用到砂礫、苔蘚、沙子、樹皮，不過有無限的可能，所以發揮你的創意吧！像是碎玻璃、鈕釦、串珠，效果都很美。

GETTING STARTED 植物選擇及照料

選購完美植物

你當然可以在花卉商店買到植物——那裡有經驗豐富的可靠員工，選擇也很多，能夠讓你不虛此行——不過也有越來越多的雜貨店、時裝店、藥房，甚至是寵物店（請參考第228頁的設計），都會販售植物。網路上的苗圃商店是挖掘難尋覓種類植物的好選擇，也可以提供豐富的資訊，記住你有這些選擇，就能確保創造出來的容器花園既美觀又能盡可能地維持下去：

◆本書中每個作法都提供了相關資訊，能幫你找到合適的植物，包括學名和俗名，還有植物的種類（藤本、多肉之類的），也會提供基本照料資訊，都考量到特定的植物和容器所需。

◆要是有疑問，請參考植物土壤裡面塞的那張塑膠小標籤，看看植物需要多少陽光、多少水分，甚至也可以知道開花的頻率。

◆植物的尺寸可大可小，變化很大，全取決於生長環境和地點，這本書裡採用了幾種標準尺寸，好讓事情簡單一點；有些買來的時候裝在圓形栽培花盆裡，有些是方形的，有些的根比較深，有些比較淺，不過如果你參考買來時栽培花盆的尺寸，要複製每件容器花園的效果應該會很輕鬆。本書裡提到的大部分植物都可以找到2吋盆（直徑約5公分的花盆）、4吋盆（直徑約10公分）跟6吋盆（直徑約15公分）的大小，有少數用了比較大的8吋盆（直徑約20公分）和1加侖盆（容量約3.8公升），甚至有一個要用比較大型的植物（詳見第108頁）；有幾個作法用到多肉切枝，基本上就是從多肉植物上直接切取枝葉。

◆不論是哪種尺寸的植物，記得一定要檢查葉子。如果植物本來應該是綠色的，要確定葉子真的是綠色，而不是枯黃或變成棕褐色。植物是否挺拔直立？是否生氣蓬勃？避開那些葉子枯萎或裂掉的植物，有缺口或蟲咬的也不要，仔細檢查兩側葉面，看看有沒有黑色或白色的蟲子斑點。

◆如果你選擇使用鮮花植物，找那種結了各個階段花苞的植物，飽滿的花蕾和欲開的花苞保證將來能有回報，盛開的花朵則能讓人立刻得到滿足。

◆請記住，有些植物是季節性的，某些時候可能比較難找到，雖然附溫室的花藝中心確實可以全年度提供多樣的選擇（有些植物甚至在非當季時也能誘發開花），但不是每種植物都隨時可得；不論你在哪裡購買植物，只要好好照料，有些就能維持數月甚至數年，但是有些植物因為天性，就只能維持很短的一段時間。

◆**注意：**雖然有些植物的俗名（比如像是蘆筍蕨）聽起來好像很好吃，但本書裡面大部分的植物都不可食用，有些甚至有毒。

照料植物

由於容器花園是把多種植物安排在同一個地方生長，最好選擇喜歡相同生長條件的植物。雖然本書中有些設計打破了這條規矩，但請記住這個訣竅還是很有幫助。就算組合好的植物能夠長久維持下去，你還是有可能想要重新安排容器，或是決定把植物從容器裡移植到花園去。

想在一個容器內組合不同植物的時候，一定要記得考慮土壤、水分和光線，本書裡每個作法都列出了主要植物的這些相關資訊，提供了如何好好照顧特定容器花園的小訣竅，有些植物，像是繡球花和菟葵，還可以移植到花園裡去。因為本書提供的是一般資訊，我建議搭配另一本可靠的園藝參考書，這樣你就可以學會如何在居住的地方照料這些植物。

◆**注意：**擺放或照料植物時，要小心很多植物都會對皮膚造成刺激，不只那些看起來明顯帶刺的，皮膚敏感的人應該戴手套，所有人在從事園藝工作之後，都應該徹底洗手，不管是在室內或室外。

GETTING STARTED 技巧

這本書裡所有的容器花園都可以應用下列這些栽種原則，除非另有特別說明。

◇預備容器

良好的排水對植物的健康很重要，但是你不會希望水流得滿桌子都是，所以要特別注意採取預防措施，根據不同的花盆、花瓶或容器做好防水，這可以讓盆景佈置維持在最佳狀態，不管是擺在餐桌上、書桌上或是掛在牆上。

在容器內加一個塑膠襯墊，或是用特殊的防水錫箔和玻璃紙鋪墊，手工藝品店都會賣這些材料。不過老實說，我用的其實是順手從雜貨店買來的普通錫箔紙跟保鮮膜，兩種材質都可以任意塑型，配合容器的形狀，想要額外防護的話，可以加用防水膠帶條來密封。

有排水孔的花盆需要把孔洞蓋住，尤其是盆子如果會裝滿土壤的話。只要在排水孔擺上一小塊濾網即可，這不只可以把土壤留在盆子裡，也可以幫助排水，不讓植物的根部堵住排水孔，你的擺設就可以維持上好幾個月甚至好幾年。

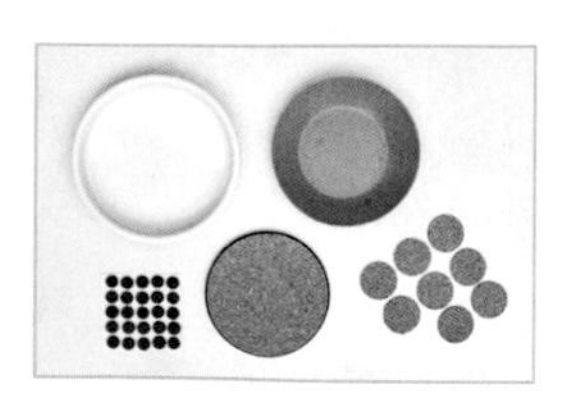

最後一道防水步驟：一定要把有孔盆栽放在托盤或軟木墊上面。為了保護家具避免被刮花，我會在托盤下面黏上毛氈止滑貼，甚至會再加擺一塊軟木墊，因為塑膠墊可能會在家具上留下痕跡。

無論是種植好的或是還在擺放階段（就是還在栽培花盆裡面），植物的高度都應該剛好位於裝飾花盆邊緣，有時候需要稍微支撐一下，我喜歡把小花盆倒過來擺放，或是用泡泡紙；紙板、報紙或是揉成一團的紙巾不是好選擇——弄濕後就會沒形沒狀，開始腐爛發出臭味。

◇**測量深度**

把植物擺在盆栽旁邊，在種植前估量尺寸，這樣才能加進份量足夠的土壤；如果要擺放花盆，測量深度可以讓你知道該準備多少支撐材料。

◇**鬆開根部**

把植物移出花盆時，根部可能會緊緊纏繞成一團，如果是這樣，輕輕鬆開根部，好讓根部有更多成長空間；如果你需要把植物改種在比原來小一點的花盆裡，也可以用上這個技巧。

◇**種下植株本體**

輕輕地在土壤上挖一個小洞，把植物擺進去，在基部填滿土壤，但不要埋到莖部。土壤應該蓋到莖梗底部，剛好蓋滿根部，根部不喜歡暴露在空氣之中，而莖部不想藏在土裡；填好以後輕輕拍平土壤。

◇**使用漏斗或鏟子**

如果你沒有鏟子，小小的軟杯子也可以讓你把土壤或砂石舀起來，裝進花盆裡。你也可以隨手用一張紙跟膠帶，自己做一個漏斗。

◇**高階種植技巧**

苔蘚常常用來作為表面裝飾，但是也可以用來幫助你的擺設，替花盆增添醒目的歲月痕跡，甚至可以完全取代花盆！

◇**揮灑苔蘚花盆**

把苔蘚跟白脫牛奶、啤酒和（或）優格混合，做成糊狀混合物，然後用畫筆抹到花盆上，保持花盆潮濕，放在陰涼處，就可以看著苔蘚盆栽慢慢成長了。

◇**做一個苔蘚球**

裁切一片比植物根部球塊略大的苔蘚，表面朝下放在工作桌上。把植物從花盆裡取出，輕輕鬆動根部，記得要保留一些土壤完好無缺；將植物放在苔蘚上，在根部把苔蘚合攏起來，做成球狀；繫緊苔蘚球，可以用繩子、鐵絲或是釣魚線。

GETTING STARTED 擺設容器花園

這裡有幾個我最喜歡的業內訣竅，可以用來處理植物的擺放位置。

◇堆放土壤

高度有些變化，擺設更加有趣。你可以透過設計在某些部分堆高土壤，來達到這樣的效果。

◇斜置植物

角度能帶來驚喜的視線，讓你把葉、莖、花放在想擺的位置；讓花朵從邊緣垂吊著，多點角度更有意思。

◇替植物與花和莖架樁

如果容器花園已經種植完畢，但有些植物的表現不如你意，用竹籤或植物木樁稍微推移一下；把木樁插進土裡，輕輕地拉一下花朵，朝著你想要的方向移動；把木樁插進土裡，將莖梗固定在木樁上。

◇藤蔓棚架

用一根長棍子、圈環或帳篷形狀讓藤蔓向上翻爬，甚至也可以引導藤蔓爬其他的棚架。

◇修枝及枯花

死掉的花朵令人傷心，垂下來的時候就修剪掉，你會比較快樂，植物也會比較快樂——修枝可以鼓勵新枝枒生長，剪掉芽苞和枝幹，也可以調整植物的形狀。

如何澆水？一些可以牢記的小訣竅：

◇動動手指

市面上有許多新奇的玩意可以測試濕度，但最簡單的就是你的手指，用手指插進土裡，感覺一下是潮濕或乾燥。

◇噴霧

有些植物喜歡高濕度，創造濕度的好方法之一就是噴霧。

◇使用廚房用具

有些地方太小，澆水壺嘴搆不到嗎？用虹吸管、滴管或是湯匙，可以精準給水，減少加太多水的機會。

◇倒倒水

如果容器沒有排水孔，就沒辦法讓水流出去，大部分植物都討厭根部浸在水裡，輕輕地傾斜擺設，倒掉多餘的水。

◇泡泡水

如果植物全都乾掉了，可能需要好好浸泡一下。把植物擺在盤子裡，澆水澆到底部積水為止，浸泡一會兒，然後把水倒乾再重新擺設；有時候我會把植物放在廚房水槽裡，用噴頭好好替植物沖個澡再泡水。

◇不用水

如果你的植栽處於密閉環境裡，植物應該可以自己維持濕度。那麼缺點呢？有時候會變得霧濛濛的。

GETTING STARTED 花材

植物角色

我在創作容器花園時，總會謹記這些不同的設計元素，認識並且分類這些要素，在需要替換植物的時候很有幫助，也可讓你開始創作屬於自己的設計。

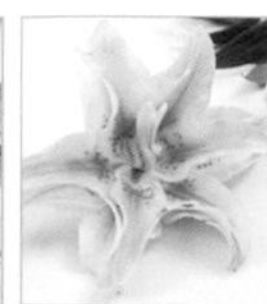

由左到右依次為：霸王空氣鳳梨、百合、拖鞋蘭、隱花鳳梨、孤挺花、繡球花。

◇**焦點植栽**：這是令人驚豔的植物，不妨盡情展現。不論是大型玫瑰花樣（※編註：rosette，或譯作蓮座狀）的植物，或是大膽的色彩，就讓它巍然屹立，擺在最前面或正中央吧！

由左到右依次為：蘆薈、鹿角蕨、十二之卷、紙莎草、瓶子草、鳳梨百合。

◇**建構植物**：這些植物提供了結構以及強而有力的堅實動線，比較起來，算是比較高大的枝葉，奠定了設計的框架。

由左到右依次為：榛子、秋海棠（花）、蕨類、天竺葵、褐斑伽藍、百里香。

◇**輕盈元素**：蓬鬆的植物提供了些許空氣，為設計帶來一些喘息的空間，而且這些植物通常都能帶來很棒的視覺饗宴。

由左到右依次為：口紅花、長壽花、仙客來、石蓮花朵、三尖蘭、秋海棠（葉）。

◇**斑爛色彩**：如果主要植栽的色彩不算豐富，添加一抹黃色，或是來一朵搖曳的小喇叭花，就能瞬間變得亮眼。

由左到右依次為：卷柏、銅錢草、虎耳草、彩葉草、冷水花、苔蘚。

◇**搭配角色**：有些人可能會把這類植物稱為「填充物」，但其實這類植物就跟其他植物一樣努力；添加一些不同的質地（和顏色），能幫助焦點植栽大放異彩。

植物種類：質地

既然容器花園裡有這麼多組成分子是綠色的，質地就非常重要。這些是你在創作自己的設計時，會想加入的質地要素。

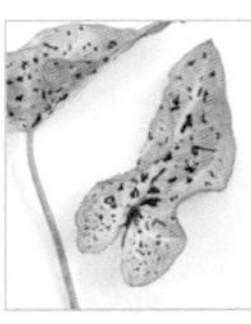

由左到右依次為：仙客來、網紋草、冷水花、彩葉芋、鼠尾草、珊瑚鐘。

◇**花俏葉子**：有些葉面上有圓點、條紋、漩渦的花樣，有些本身則會捲縮或有皺褶。

由左到右依次為：水芙蓉、菊花、蔸葵、康乃馨、石蓮花、玫瑰。

◇**玫瑰花樣**：不只是玫瑰而已！其他像是多肉植物或是空氣鳳梨，都有長得像玫瑰般的漩渦狀中心，能提供重心焦點，匯聚各種要素。

由左到右依次為：木賊、隱花鳳梨、苔草、空氣鳳梨、大戟、迷迭香。

◇**成束細縷**：利用會隨風擺動的植物加入律動，吸引目光從容器中心往上移動，向外擴張。

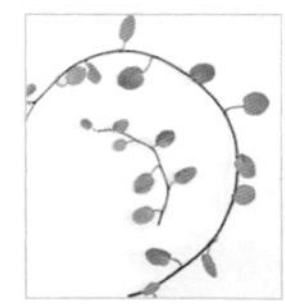

由左到右依次為：鐵線草、錦葉葡萄藤、鐵線蓮、蘆筍蕨、榕、九重葛。

◇**攀緣植物**：常春藤等藤蔓植物可以爬出容器外，向上往外發展，是最常見的選擇，不過也可以讓這些攀緣植物沿著桌面生長，或是圍繞著容器也不錯。

由左到右依次為：景天、常春藤、毬蘭、口紅花、石松、吊鐘花。

◇**垂墜植物**：寫意垂墜的植物很適合種在附底座花盆或是吊籃裡，有些能夠直達地面，創造出非常戲劇化的效果。

蓮花掌

AEONIUM

- 植物種類：多肉
- 土壤要求：仙人掌栽培土
- 給水：表土乾燥後再澆水
- 光線：直接日照（※編註：仍需視氣溫調整日照時間，以免曬傷）

有些蓮花掌比較多莖桿，有些則比較偏平面生長，很多品種都因為碩大的多肉玫瑰花樣深獲喜愛，比它們實際上開的花更受歡迎，不過等到真正開花時，有些可以綻放出很精彩的成堆黃色花朵；這類植物的尺寸多變，離開土壤也能存活上很長一段時間。

RECIPE ❶ 主場植物

植物

◇1加侖盆（容量約3.8公升的花盆）的蓮花掌「曝日」（*Aeonium* 'Sunburst'）1株

容器及材料

◇上釉花盆，直徑6吋（約15公分）、高7吋（約18公分），附排水孔，背面平坦附鑽孔，可掛於牆上。◇1吋大小（約6平方公分）的濾網。◇1到3杯仙人掌栽培土。

1. 選擇1株大小與裝飾花盆接近的植物，顏色要能互補搭配。把植物擺在花盆旁邊，高度和寬度應該一致，如果沒有，你必須在步驟3調整；在花盆底部鋪襯好濾網，填入仙人掌栽培土。
2. 取出植物，輕輕鬆開根部，抖落多餘的土壤。
3. 把植物重新種植在裝飾花盆裡面，調整土壤，讓植物靠在花盆邊緣，略為往前傾斜，輕輕拍平土壤。
4. 把花盆掛在柵欄或牆上，需要澆水時，把花盆從牆上拿下來，放在水槽裡澆水，瀝乾多餘的水分後再重新掛回去；要確定土乾了以後才能澆水。

ON ITS OWN

RECIPE ② 搭配

植物

◆2吋盆（直徑約5公分的花盆）「小人之祭」蓮花掌1株（*Aeonium arboreum* 'Tip Top'是不錯的選擇）

◆2吋盆墨西哥雪球1株（*Echeveria elegans*）

◆2吋盆開花青鎖龍屬1株（不妨試試*Crassula pubescens* ssp. *radicans*）

◆2吋盆熊掌2株（*Cotyledon ladismithiensis*）

◆2吋盆蘆薈1株（*Aloe* 'Christams Carol'——「聖誕蘆薈」是不錯的選擇）

容器及材料

◆回收玻璃花盆，直徑4吋（約10公分）、高6吋（約15公分）。 ◆1杯裝飾用砂礫。◆2杯仙人掌栽培土。

1 在玻璃花盆裡鋪上一層薄薄的裝飾用砂礫（不但好看，也可以讓你清楚看見多餘的水分，就能小心傾斜花盆把水倒掉）。

2 加上2吋（約5公分）高的仙人掌栽培土，從栽培花盆裡取出植株，輕輕鬆開根部，抖落多餘的土壤；從最高的植物開始種植（這裡是「小人之祭」蓮花掌），接著在旁邊填入其他植物。

3 用湯匙把剩下的裝飾用砂礫加到土壤表面，看起來比較美觀；等全乾再澆水，每次澆水時要讓土壤有些濕潤，並且要確定底部沒有積水。這個擺設大約可以維持六個月到一年。

WITH COMPANY

RECIPE 3 特殊場合

兔腳蕨
Humata tyermannii

RECIPE ③ 特殊場合

植物

◆6吋盆（直徑約15公分的花盆）蓮花掌切枝3段（*Aeonium* 'Sunburst'）

◆6吋盆菟葵1株（*Helleborus*）

◆6吋盆兔腳蕨1株（*Humata tyermannii*）

容器及材料

◆瓷碗1只，直徑13吋（約33公分）、高8吋（約20公分）。◆3杯混合栽培土。

1 挑1株大一點的蓮花掌屬植物，剪下3朵玫瑰花樣，至少保留3吋（約8公分）長的莖（如果花園裡沒有，可以試著請鄰居友人分送幾朵）。擺個幾天，讓切枝乾燥或變得強韌一點（結痂），這能避免植物腐爛，並且有助於生根。

2 把混合栽培土加進碗裡，從栽培花盆裡取出菟葵，擺在中央。如果花冠太低，就用混合栽培土堆高。菟葵是本設計裡最高的植物，必須種植在最高點。

3 從花盆裡取出兔腳蕨，安插進菟葵右邊的地方，稍微斜放，讓兔腳蕨斜倚在碗邊。

4 如果蓮花掌的莖太短，用竹籤扦插延長，把莖繞上絕緣電線或是花藝膠帶，或是直接用竹籤固定比較粗的莖。

5 把兩朵蓮花掌放在前面中間的地方，聚在一起效果更大，最大的第三朵擺在左邊靠近碗緣處。

6 輕輕地把蕨葉片拉開，讓蕨葉片呈現交織在菟葵周圍的樣子，從另一邊伸展出去；輕輕澆水，幾週之後，菟葵花謝了，蓮花掌切枝也開始生根，就把擺設拆開，重新種回花盆裡。

SPECIAL OCCASION

非洲堇

AFRICAN VIOLET *(Saintpaulia)*

- 植物種類：多年生開花植物
- 土壤要求：紫羅蘭栽培土
- 給水：保持土壤潮濕、葉片乾燥
- 光線：間接日照

非洲堇——或者*Saintpaulia*，如果你要知道拉丁文學名的話——甜美可人，尺寸跟顏色的種類多得令人興奮（有些甚至還會開重瓣花）！此花袖珍小巧，常見芳蹤，很適合單獨擺設，能好好展現精巧的花瓣和鮮黃的花蕊。

RECIPE ① 主場植物

植物

◇2吋盆（直徑約5公分的花盆）非洲堇一株（*Saintpaulia*）

◇4吋盆（直徑約10公分的花盆）非洲堇兩株（*Saintpaulia*）

容器及材料

◇3塊原木切片，直徑6到10吋（約15~25公分）。 ◇3個銅花盆，直徑3到5吋（約8~13公分）。 ◇3個玻璃圓頂罩子，直徑4到11吋（約10~28公分）。 ◇1杯紫羅蘭栽培土。 ◇1/2杯量或6吋平方（約39平方公分）大小的苔蘚。

1. 把原木切片呈V字形擺放在桌面上，最高的那塊放後面，每塊分別配上合適尺寸的玻璃圓頂罩子。
2. 從花盆裡取出非洲堇，輕輕鬆開根部，抖落多餘的土壤。小株的非洲堇種在最小的銅花盆裡，其他兩株依大小分別種植，必要的話，在花盆底部加進紫羅蘭栽培土。植物葉片應該剛好靠在花盆邊緣，底下的根部要接觸到紫羅蘭栽培土，不要讓根部懸空。
3. 蓋上玻璃圓頂罩子，封住非洲堇，要給植物一些空間，不要讓植物碰到罩子的頂端或旁邊。約一週澆水一次，傾斜倒出多餘的水分，摘除枯萎的花朵有助重新開花。

ON ITS OWN

RECIPE ② 搭配

植物

◆4吋盆（直徑約10公分的花盆）非洲堇1株（*Saintpaulia*）

◆4吋盆具分枝習性的卷柏1株（*Selaginella*）

容器及材料

◆加州黑胡桃木塊狀花器，鑽有直徑6吋（約15公分）、深3吋（約8公分）的洞1個。◆塑膠襯墊或者融化的蠟。◆1杯紫羅蘭栽培土。

1 在底部鋪上一個大小適中的塑膠襯墊保護花器，想多加一層防護的話，可以融化一根蠟燭，把蠟液倒進容器裡，形成柔韌的防水層，必要的話，估量一下非洲堇和盆子的尺寸，把紫羅蘭栽培土倒在襯墊上。

2 從栽培花盆裡取出植株，輕輕鬆開土壤，把非洲堇種植在塑膠襯墊上，保留容器裡一半的位置給卷柏，斜放植物，好讓葉片覆蓋著花器平直的邊緣。

3 依同樣的步驟種下卷柏，稍微把卷柏拉高一點，好讓卷柏圍繞著非洲堇，必要的話，可以把非洲堇稍微往下、往前一點，強調兩者之間的對比，保持濕潤。

WITH COMPANY

RECIPE 3 特殊場合

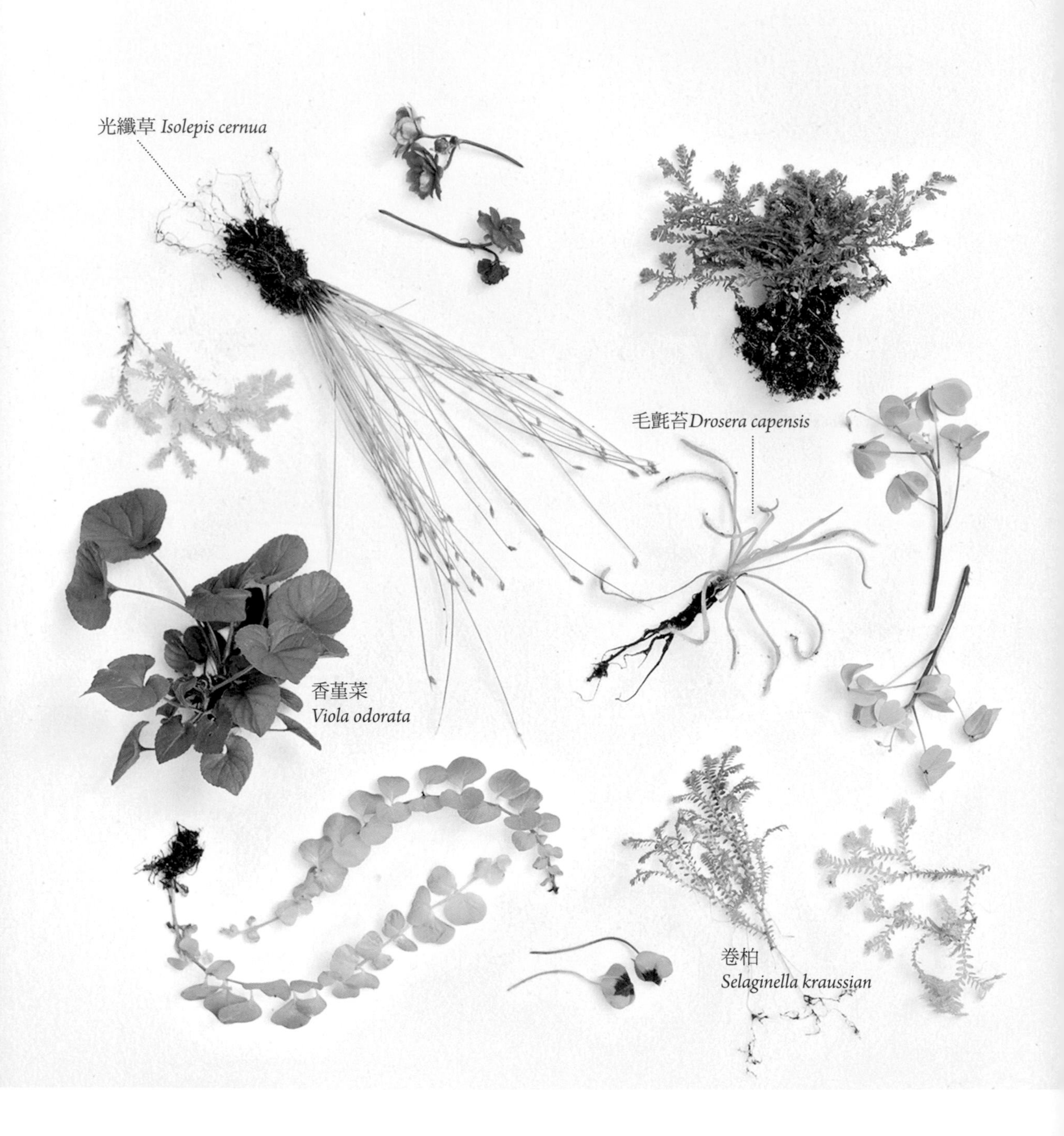

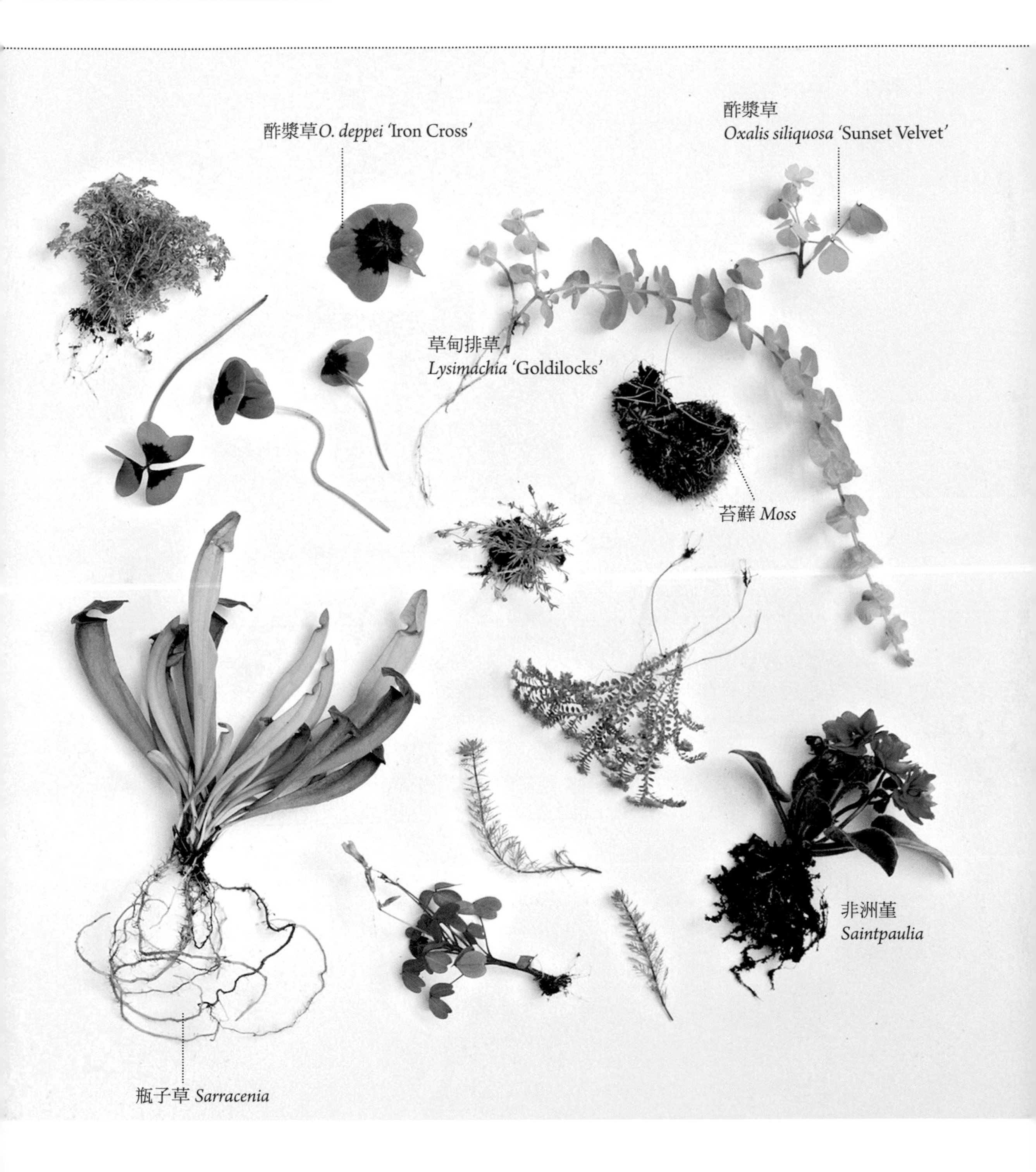
酢漿草*O. deppei* 'Iron Cross'
酢漿草
Oxalis siliquosa 'Sunset Velvet'
草甸排草
Lysimachia 'Goldilocks'
苔蘚 *Moss*
非洲堇
Saintpaulia
瓶子草 *Sarracenia*

RECIPE ③ 特殊場合

植物

◆4吋盆（直徑約10公分花盆）卷柏3株，袖珍品種（*Selaginella kraussian*以及*S. apoda*是不錯選擇）
◆4吋盆酢漿草2株（*Oxalis siliquosa* 'Sunset Velvet' 和*O. deppei* 'Iron Cross'）
◆4吋盆草甸排草1株（*Lysimachia* 'Goldilocks'）
◆4吋盆瓶子草1株（*Sarracenia*）
◆4吋盆毛氈苔2株（*Drosera capensis*）
◆4吋盆香堇菜1株（*Viola odorata*）
◆4吋盆光纖草1株（*Isolepis cernua*）
◆2吋盆（直徑約5公分的花盆）非洲堇3株（*Saintpaulia*）

容器及材料

◆玻璃花器一個：最寬處15又3/4吋（約40公分）、高18吋（約46公分）。 ◆1/2杯木炭。 ◆5杯裝飾用砂礫。 ◆5把泥炭蘚。 ◆10杯混合栽培土、紫羅蘭栽培土或是肉食植物栽培土。 ◆1/2加侖（約1.9公升）蒸餾水。 ◆2團苔蘚塊，用來填補空隙。

1 把木炭鋪在玻璃盆栽底部，上面鋪一層3吋高（約8公分）的裝飾用砂礫；泥炭蘚泡幾分鐘水，擠去多餘水分，薄薄地鋪一層在砂礫上面。

2 用足夠的混合栽培土填入玻璃盆栽，裝滿到瓶身凸肚處為止，或者是填裝3到5吋高（約8到13公分）的土；這個設計是讓人透過玻璃瓶來觀賞植物，不過經過幾個月的生長之後，也可能穿透瓶子頂端。

3 開始把植物從栽培花盆裡取出來，重新種植，輕輕地在混合土的表面壓出凹洞，安放每棵植物。為了方便，先從外圈開始種植比較低矮的小株植物，接著再用比較大株的植物填進中央，像是瓶子草、光纖草、酢漿草。

4 注入蒸餾水，加滿到土壤頂部為止，用苔蘚塊蓋住表面露出的土壤，必要的話，用長竹籤把酢漿草弄得鬆散些，酢漿草到最後會蔓生到高處，瓶子草也會延伸到容器頂端。充分浸泡土壤——但不要浸到植物——保持土壤潮濕，這個擺設可以放上好幾年。

SPECIAL OCCASION

空氣鳳梨

AIR PLANT *(Tillandsia)*

- 植物種類：鳳梨科
- 土壤要求：大部分不需要土壤
- 給水：喜愛雨水霧露，一週浸泡一次，或是隔幾天噴霧給水，必須等乾燥後再給水
- 光線：低光照到明亮

這是個很大的植物種類，空氣鳳梨（*Tillandsia*）的顏色跟尺寸五花八門，從淺灰色到不同深淺的綠色、從1吋（2.54公分）高到3呎（約91公分）寬都有。空氣鳳梨常有從中央點生長出來的拱形葉片，有點像星星；大部分都不需要土壤（不過有些例外，像是第44頁特殊場合RECIPE裡所使用的「白皇冠空氣鳳梨」），也喜愛雨水霧露，每隔幾天，可以用噴霧器製造出類似的效果，約一週徹底泡水一次，但記得不要讓植物泡水超過幾個小時——也要確定植物泡水後能夠在4小時內完全乾燥（比如，不要在濕冷的晚上泡水）。

RECIPE ① 主場植物

植物

◇6吋（直徑約15公分）空氣鳳梨1株（*Tillandsia floridiana*）

◇8吋（直徑約20公分）空氣鳳梨1株（*Tillandsia juncea*）

容器及材料

◇瓷花器一個，直徑6吋（約15公分）、高5吋（約13公分）。

1 挑選1株性格能與花器搭配的空氣鳳梨，比如這裡所示範的，看起來就像是刺蝟身上的刺，植物尺寸大小要能與花器配合。

2 把比較長且筆直的那株空氣鳳梨直接放進花器裡，朝向外面，再放進另一株比較彎曲的，必要的話不妨略微傾斜。

3 大約一週一次，把空氣鳳梨拿出來泡水，甩一甩以後再擺回去。

ON ITS OWN

RECIPE ② 搭配

植物

◆4吋盆（直徑約10公分的花盆）迷你蝴蝶蘭2株（*Phalaenopsis*）

◆4吋盆開花多肉植物3株（試試*Echeveria*）

◆6吋（直徑約15公分）空氣鳳梨3株（*Tillandsia aeranthos* 'Purple Giant'或 *T. stricta*）

◆2吋（直徑約5公分）成束空氣鳳梨4到6株（*Tillandsia fuchsii gracillis*）

◆4吋空氣鳳梨3到5株，尖端帶有些許紅或粉紅色的品種（我推薦*Tillandsia capita* 'Peach'和 *T. rubra*）。

容器及材料

◆地衣雙環花圈，直徑約30吋（約76公分）。 ◆6到12吋平方大小（約38到76平方公分）的苔蘚5片。 ◆金屬線。

1 買一個現成的花圈或者自己動手做，花圈的分枝上面會擺上許多植物，所以要確認所選用的花圈夠堅固，分枝也要夠長，可以塞進其他植物。

2 從栽培花盆裡取蝴蝶蘭和石蓮花，用苔蘚裹著球根部（作法見第17頁），把花圈平放在工作台上，從蝴蝶蘭開始，把苔蘚包覆的球根塞進分枝裡面，要特別小心脆弱的花朵，用金屬線把植株固定在花圈上。

3 加上開花的石蓮屬，讓花圈的顏色跟重量都保持平衡；加上空氣鳳梨，必要的話用金屬線固定，記得維持兩側的平衡；在花圈頂端加上金屬線，把花圈掛在牆上；每週用大量噴霧澆灑，定期修剪枯萎的花朵。

STEP1

STEP2

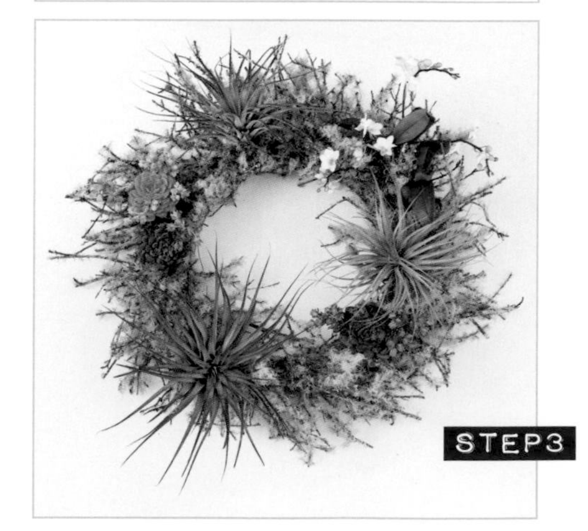
STEP3

WITH COMPANY

RECIPE 3 特殊場合

彩葉芋 *Caladium bicolor*

RECIPE ③ 特殊場合

植物

◆8吋盆（直徑約20公分的花盆）白皇冠空氣鳳梨1株（*Tillandsia oerstediana*）
◆6吋盆（直徑約15公分的花盆）吊鐘花1株（*Fuchsia*）
◆6吋盆彩葉芋1株（*Caladium bicolor*）
◆6吋盆錦葉葡萄藤1株（*Cissus discolor*）

容器及材料

◆有蓋木頭箱子1個，長14吋（約36公分）、寬10吋（約25公分）、高5.5吋（約14公分）塑膠袋。 ◆5杯小型火山岩。

1 把塑膠袋鋪在箱子裡，底部倒進一層薄薄的火山岩，空氣鳳梨留在原來的栽培花盆裡，擺在火山岩上，這樣可以避免根部泡在水裡。

2 保留木箱蓋子，放在後面陪襯植物，空氣鳳梨稍微往前傾斜擺放，這樣可以讓中心處清晰可見，不要筆直朝天而擋住了。

3 接下來種吊鐘花，保留原來的栽培花盆，把蜿蜒的花莖和空氣鳳梨的大片葉子編織纏繞在一塊兒。

4 擠壓一下彩葉芋的栽培花盆，把彩葉芋倒進箱子裡，位置擺在空氣鳳梨直立葉片的斜對角。讓彩葉芋碩大多彩的精緻葉片，垂落在箱子角落上。

5 最後添加一筆，植入錦葉葡萄藤，平衡一下彩葉芋的顏色和形狀，到後來錦葉葡萄藤會蔓生圍繞整個擺設。

6 分別為每棵植物澆水，彩葉芋和吊鐘花需要比較多水分，如果當中有植物枯萎了，可以拔出來重種，確保有足夠的間接日照。

SPECIAL OCCASION

最為人熟知的蘆薈是吉拉索蘆薈（*Aloe vera*，如本頁照片所示），凝膠可用來舒緩灼熱感。這些RECIPE裡用了另外兩種比較不常見的蘆薈，一種形狀像星星，另一種有肥厚粗糙的葉片。蘆薈很容易種植，有趣的形狀也很好用。

蘆薈

ALOE

- 植物種類：多肉
- 土壤要求：仙人掌栽培土
- 給水：表土乾燥後再澆水
- 光線：直接日照

RECIPE ❶ 主場植物

植物

◇4吋盆（直徑約10公分的花盆）長鬚蘆薈1株（*Aloe aristata*）

容器及材料

◇蓮花形狀開口花器1個。 ◇一些蕾絲地衣（*Ramalina menziesii*，西班牙水草——松蘿菠蘿，*Tillandsia usneoides*——是不錯的替代品，也比較容易找到）。

1 挑一個外型類似蘆薈球狀和尖齒形狀的容器。
2 浸泡地衣讓它變軟，從栽培花盆裡取出蘆薈，移除多餘的土壤，用蕾絲地衣包裹根部。
3 把蘆薈放進蓮花形花器裡，把植物對齊容器的「花瓣」，凸顯重複的花樣。
4 一週澆一點水，確保沒有積水。

ON ITS OWN

RECIPE ❷ 搭配

植物

◆4吋盆（直徑約10公分的花盆）的雜交蘆薈1株（*Aloe* 'Pink Blush'、*A.* 'Peppermint'、*A.* 'Bright Star'都是不錯的選擇）

◆地衣披覆的枯枝1根，長20吋（約51公分）、直徑1到2吋（約3到5公分）

◆4吋盆的玉綴或新玉綴2株（*Sedum morganianum*或*S.* 'burritos'）

◆4吋盆的水晶掌2株（*Haworthia cymbiformis*）

◆4吋盆的十二之卷4株（*Haworthia fasciata*）

容器及材料

◆銅碗1個，直徑24吋（約61公分）。 ◆1杯小型火山岩。 ◆10到12杯仙人掌栽培土。 ◆2杯裝飾用砂礫。

1 在碗裡鋪上一層薄薄的火山岩，銅碗的扇狀邊緣能夠凸顯蘆薈和十二之卷的尖銳葉片；倒入仙人掌栽培土至容器約2/3滿，中央略微堆高；從栽培花盆裡取出蘆薈，重新種植在銅碗一角。

2 用地衣披覆的枯枝將碗面一分為二，從栽培花盆裡取出玉綴重新種植，讓玉綴覆蓋在枯枝上面。從栽培花盆裡取出水晶掌重新種植，稍微傾斜地靠在枯枝旁，就好像剛從枯枝下面長出來。

3 從栽培花盆裡取出十二之卷重新種植，讓它們也像是從地衣披覆的枯枝下面長出來一樣，接著用湯匙舀裝飾用砂礫覆蓋土壤；等土壤完全乾燥之後，一週澆水一次。這個擺設可以維持大約一年。

STEP1

STEP2

STEP3

WITH COMPANY

孤挺花

AMARYLLIS *(Hippeastrum)*

- 植物種類：球莖
- 土壤要求：混合栽培土
- 給水：保持微濕，表土乾燥後再澆水
- 光線：放置在光線充足的地方

孤挺花碩大的喇叭狀花朵能長到直徑6吋（約15公分）以上，粗壯多汁的花莖能長到20吋（約51公分）高，開4朵花。孤挺花常見於冬季，在氣候比較溫暖的地方，四季也都能看到，把球莖在秋天或初冬時種下，或是購買已經開花的植株，即可享受一季美好的冬日陳列。

RECIPE ❶ 主場植物

植物

◇孤挺花球莖3顆（*Hippeastrum*），至少有一已綻放的花朵

容器及材料

◇3個上釉法式花盆，尺寸比球莖寬2吋（約5公分）。◇2杯混合栽培土。◇1杯裝飾用砂礫。

1 在花盆內倒進混合栽培土，裝到距離盆緣1吋（2.54公分）左右。
2 把球莖種下，確定有大約一半左右的球莖在土壤表面以上。
3 用湯匙在土壤表面鋪上裝飾用砂礫，為植株澆水，長高開花之後，記得要不時轉動，好讓植株能夠長得筆挺；花謝之後，球莖可做堆肥，或是留下來等明年再種。

ON ITS OWN

RECIPE② 搭配

植物

◆6吋盆（直徑約15公分的花盆）孤挺花（*Hippeastrum*）球莖兩顆，花朵與花苞都要有

◆4吋盆（直徑約10公分的花盆）椒草3株（*Peperomia* 'Red Ripple'以及'Silver Dollar'是不錯的選擇）

◆6吋盆粉紅海芋1株（*Zantedeschia*）

容器及材料

◆木頭沙拉碗1個，大約直徑16吋（約41公分）、高4吋（約10公分）。◆軟木止滑墊一塊，直徑14吋（約36公分）。◆塑膠袋（小型垃圾袋即可）。◆4到6個清潔的塑膠襯墊，每個花盆配上一個。

1 軟木止滑墊放在木碗底，接著用塑膠袋在碗裡加上襯墊，兩者都能保護木碗、避免受潮；把塑膠內襯擺在碗中間偏後方處，輕輕地從栽培花盆裡取出最高的那株孤挺花，保持球莖上面的土壤濕潤，放進襯墊裡面。

2 用襯墊填滿碗裡面的其他空隙，襯墊柔韌可塑，儘管揉捏成適合放進碗裡大小；把第二朵孤挺花放在第一朵的右邊，接著把椒草擺在碗裡最前面，如果還有位置，可以在每個襯墊裡面多放幾株植栽。

3 把海芋放進碗裡中間偏左處，花盆往木碗緣傾斜，塑膠袋塞在碗裡，不要從碗緣露出來；把椒草葉拉鬆，讓葉片浮在碗邊，蓋住襯墊。約一週澆水一次，剪去枯萎的花朵，椒草會比其他植物都更耐活。

WITH COMPANY

蘆筍蕨

ASPARAGUS FERN

(Asparagus plumosus)

- 植物種類：多年生
- 土壤要求：不拘
- 給水：維持一定溼度即可
- 光線：低光照至光線充足處

這種植物有時被稱為天門冬蕨或是文竹，有趣的是這根本不是蕨類，不過倒真的是蘆筍，不是在餐桌上吃的那種就是了。不只這種植物——有150種不可食用的蘆筍，有些會長出紅色漿果，大多帶有尖銳的刺，所以要小心一點！一絡絡優雅的植栽在空中飄蕩，模樣可愛細長，這種植物可以沿著窗框生長。

RECIPE 1 主場植物

植物

◇6吋盆（直徑約15公分的花盆）蘆筍蕨1株（*Asparagus plumosus*）

容器及材料

◇手拉胚花器1個，直徑6吋（約15公分）、高10吋（約25公分）。◇防水填塞料，例如泡泡紙。◇塑膠襯墊，直徑6吋。◇6吋平方（約39平方公分）大小的苔蘚1片。

1 在花器內裝入足夠的填塞料，讓蘆筍蕨栽培花盆的邊緣與花器同高，把襯墊鋪在填塞料上面。
2 把植栽（連同栽培花盆）擺進襯墊裡，確保從花盆外面不會看到襯墊。
3 輕輕地把植栽羽毛般輕柔的枝葉調整一下，上下左右、向外延伸，為擺設增添一些動感。
4 把苔蘚鋪在土壤表面，蓋住栽培花盆和襯墊，創造出一種清潔的森林氛圍。把花器擺在棚架或窗框旁邊，看看蕨類能夠攀爬得多遠；稍微澆一點水。

ON ITS OWN

RECIPE ② 搭配

植物

◆6吋盆（直徑約15公分的花盆）蘆筍蕨1株（*Asparagus plumosus*）

◆4吋盆（直徑約10公分的花盆）秋海棠2株：1株已開花（*Begonia* 'River Nile'是不錯的選擇）、1株迷你睫毛秋海棠（*Begonia bowerae* 'Leprechaun'）

◆4吋盆珊瑚鐘1株（*Heuchera*），可以找其中一種名為「Lime」的品種，顏色很好看

◆4吋盆蘆筍蕨1株（*Asparagus sprengeri*）

容器及材料

◆裝飾大碗1個，直徑9吋（約23公分）、高6吋（約15公分）。 ◆4至5杯混合栽培土。

1 把混合栽培土倒進碗裡，裝到約2/3滿。從栽培花盆中取出6吋盆蘆筍蕨，輕輕鬆開根部，重新種植在碗裡中央偏左後方處。

STEP1

2 從栽培花盆中取出開花的大葉片秋海棠，稍微傾斜，讓葉片覆蓋住碗緣；巧妙地把4吋盆蘆筍蕨塞進秋海棠葉之間，擺在碗內前方和中央處；從栽培花盆裡取出珊瑚鐘，重新種進碗內前方左邊，要在蘆筍蕨下方；讓葉片覆蓋住碗緣。

STEP2

3 從栽培花盆中取出迷你睫毛秋海棠，重新種進碗內前方右邊，位於另一株秋海棠下方，接著在碗裡加入混合栽培土，加到離碗緣半吋（1.27公分）為止。表土乾燥後再澆水，注意碗底不要積水；花朵凋謝後剪掉，幾週之後把植株分開，重新種回花盆裡。

STEP3

WITH COMPANY

RECIPE 3 特殊場合

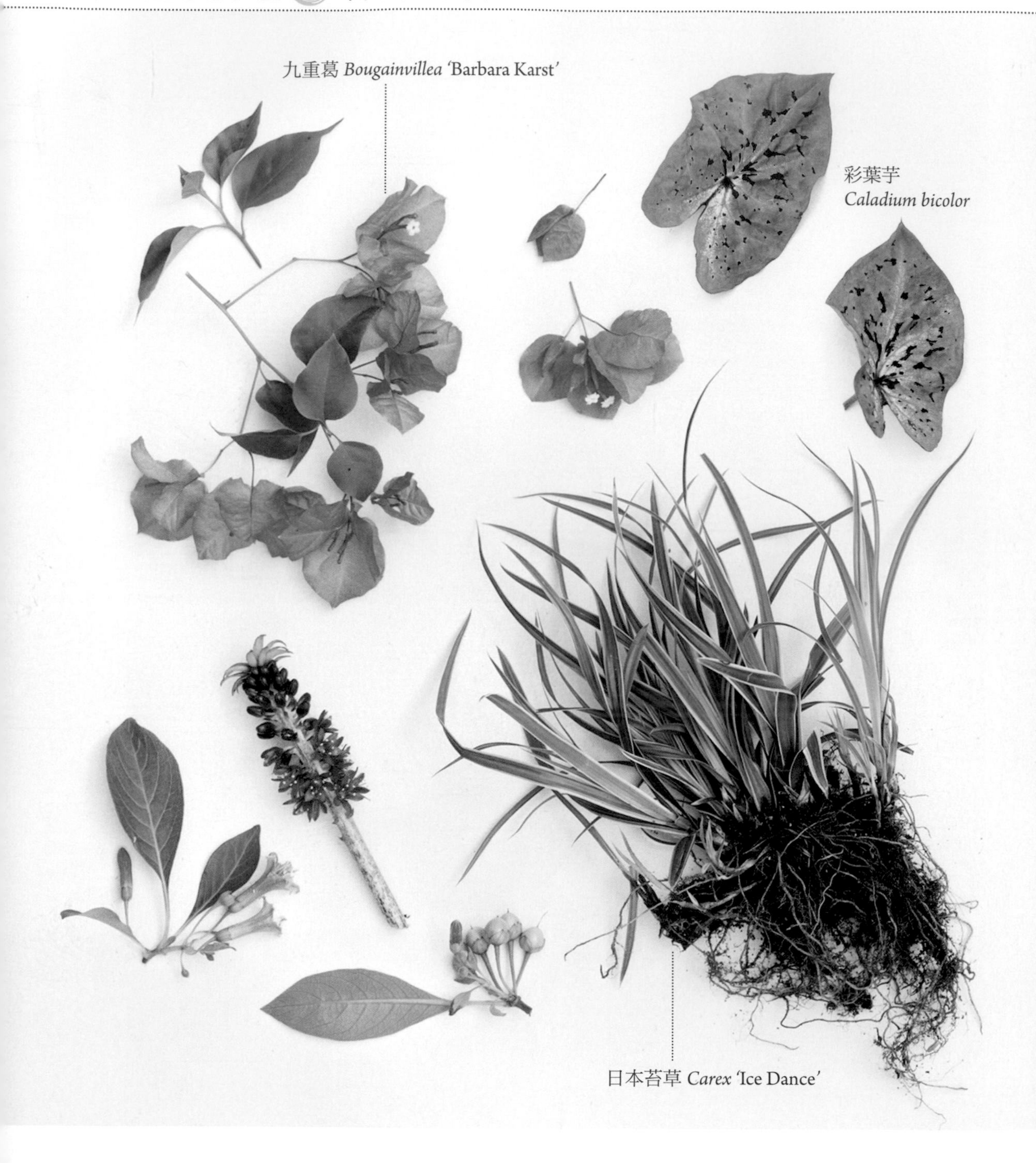

藍花曼陀羅
Iochroma australis
鳳梨百合*Eucomis comosa*
蘆筍蕨 *Asparagus plumosus*

RECIPE 3 特殊場合

植物

◆4吋盆（直徑約10公分的花盆）藍花曼陀羅1株（*Iochroma australis*）
◆6吋盆（直徑約15公分的花盆）蘆筍蕨1株（*Asparagus plumosus*）
◆6吋盆彩葉芋1株（*Caladium bicolor*）
◆4吋盆九重葛1株（*Bougainvillea* 'Barbara Karst'）
◆4吋盆日本苔草1株（*Carex* 'Ice Dance'）
◆6吋盆鳳梨百合1株（*Eucomis comosa*）

容器及材料

◆斑駁的銅鍋1個，直徑約24吋（約61公分）。◆塑膠襯墊，例如小型垃圾袋。◆防水填塞料，例如泡泡紙。

1 把襯墊鋪在鍋子裡，裝進防水填塞料。

2 全部植株都保留原有的栽培花盆，首先從最高的藍花曼陀羅開始，擺放在鍋子中央偏後處，作為背景建構植物；把蘆筍蕨擺在藍花曼陀羅前面一點點的地方，略微偏右，讓蕨葉垂下來覆蓋住鍋子旁邊。

3 加入彩葉芋和九重葛，增添一點亮眼顏色和花俏的葉子，擺在鍋子中央前方偏左處，稍微傾斜，讓植株垂下來覆蓋住鍋子旁邊。

4 加入日本苔草和鳳梨百合，擺在鍋子裡前方偏右處，增添令人驚豔的結尾。

5 植株分別給水，約兩週澆一次，要記得保持彩葉芋潮濕。這個擺設能維持約三個月，枯萎凋謝後也很容易拆解重新組合。

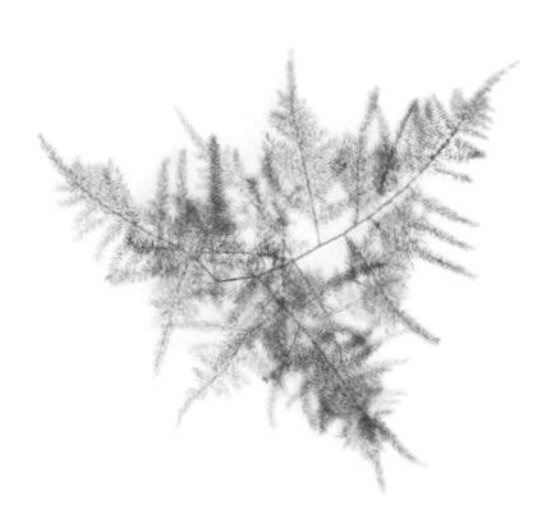

SPECIAL OCCASION

秋海棠

BEGONIA

- 植物種類：觀葉開花植物
- 土壤要求：混合栽培土
- 給水：維持一定濕度，表土乾燥後再澆水
- 光線：間接日照

秋海棠種類繁多，因為花朵肥碩迷人和葉片多彩繽紛而獲得選用，這裡挑的是葉片精緻的秋海棠，這一類包括有錦葉葡萄藤、睫毛秋海棠、蝸牛秋海棠、根莖型秋海棠等，林林總總，別被這些名字搞暈了——就挑你喜歡的吧！如果美麗的葉片和彩色渦形圖樣還不足以成為推薦理由的話，想想精緻的秋海棠花吧！輕盈的花朵是美麗葉片上飄浮的重點。

RECIPE ① 主場植物

植物

◇6吋盆（直徑約15公分的花盆）斑紋秋海棠1株（可以試試好找的品種，像是*Begonia bowerae* var. *nigramarga*或是*Begonia* 'Tiger Paws'）

容器及材料

◇上釉藍色花盆1個，尺寸大小符合栽培花盆。 ◇1吋大小（約6平方公分）的濾網。 ◇金屬裝飾托盆。

1 把上釉花盆底部的排水孔用濾網擋住，從栽培花盆裡取出秋海棠，重新種植在新容器裡。

2 把容器放在水槽裡，充分澆水，讓水從底部流乾。

3 把上釉花盆擺進金屬裝飾托盆裡。

4 輕拉葉片，讓葉片突出花盆邊緣；澆水時，把花盆從裝飾托盆裡拿出來，擺進水槽裡充分給水，等水流乾後再擺回去；表土乾燥後再澆水。

ON ITS OWN

RECIPE② 搭配

植物

◆6吋盆（直徑約15公分的花盆）錦葉葡萄藤1株（*Begonia* 'China Curl'）

◆4吋盆（直徑約10公分的花盆）長階花1株（*Hebe* 'Red Edge'）

◆2吋盆（直徑約5公分的花盆）迷你孔雀蘭2株（*Pleione*）

◆2吋盆白銀之舞2株（*Kalanchoe pumila*）

容器及材料

◆低底座陶器1個，開口約6吋平方（約39平方公分）大小。 ◆1/4杯小型火山岩。◆1杯混合栽培土。◆1/4杯泥炭蘚。

1 在花盆裡倒進1吋（2.54公分）高的小型火山岩，接著倒進混合栽培土，裝到約2/3滿；把秋海棠擺在盆內左邊，種植高度要讓植株本體（也就是莖部與土壤表面接觸以上的部分）剛好在花盆邊緣下面。

2 把長階花擺在秋海棠右邊。

3 在盆內中央前方偏右處弄出一個小土堆，種入蘭花和白銀之舞，有空隙的地方都填進混合栽培土，輕壓植株固定。在表面鋪上泥炭 ，大約一週澆水一次，乾燥後再給水。花謝之後，把長階花和蘭花重新種回花盆裡，白銀之舞和秋海棠可以留在原處。

STEP1

STEP2

STEP3

WITH COMPANY

RECIPE 3 特殊場合

秋海棠 *Begonia* 'Black Taffeta'
茜草
Coprosma 'Karo Red'

RECIPE ❸ 特殊場合

植物

◆4吋盆（直徑約10公分的花盆）巧克力波斯菊2株（*Cosmos atrosanguineus* 'Chocamocha'）
◆4吋盆鮮黃色珊瑚鐘1株（*Heuchera* 'Electra'）
◆6吋盆（直徑約15公分的花盆）淡黃色球根秋海棠3株（*Begonia* 'Sherbet Bon Bon'）
◆4吋盆巧克力色秋海棠1株（*Begonia* 'Black Taffeta'或'Black Coffee'是不錯的選擇）
◆4吋盆茜草1株（*Coprosma* 'Karo Red'）

容器及材料

◆草編籃1個，開口12吋平方（約77平方公分）大小、高10吋（約25公分）。◆塑膠襯墊。◆大的圓形玻璃花瓶，可以剛好放進草編籃裡的大小。

1 在籃子裡鋪一層塑膠袋或是其他防水襯墊。

2 把仍放在栽培花盆裡的植物放進玻璃花盆裡，評估一下擺設。首先在中間放進最高的植物，巧克力波斯菊和珊瑚鐘，接著用其他植物圍繞起來，從中間到邊緣、由高到矮，調整植株的位置直到滿意為止，接著把栽培花盆都拿出來，依序擺在工作桌上。

3 從栽培花盆裡取出植株，依序由中間到邊緣，按照你在步驟2的設計，依需要在花盆底部加上一層混合栽培土，好讓植株本體都能靠齊花瓶邊緣，稍微壓緊植株，略微向外傾斜。

4 小心地把花瓶擺進籃子裡，輕輕整理伸出瓶子外的葉片，讓葉片覆蓋住籃子邊緣，此作法同時使用了傳統上室內及室外的植物，巧克力波斯菊枯萎以後（它們喜歡陽光），球根秋海棠還會繼續開花，等到球根秋海棠也凋謝了，就把巧克力色秋海棠移植到小一點的花盆裡，可以長期擺在室內；在氣候溫和的地方，珊瑚鐘和茜草可以擺在室外，甚至連冬天也沒問題。

SPECIAL OCCASION

鐵線蓮
CLEMATIS

- 植物種類：藤本植物
- 土壤要求：混合栽培土加泥炭
- 給水：維持一定濕度
- 光線：直接日照

擁有扭曲捲鬚和傾瀉而下的細緻花朵，在春天尚未完全到來之前，這些藤蔓顯得令人難以抗拒；雖然有時候以室內植物的名義販售，但其實這種植物不宜全年種植在室內，等到春末氣候暖和之後，就可以移植到室外，保持根部涼爽，可以讓美麗的花朵愉快盛開。

植物

◇6吋盆（直徑約15公分的花盆）鐵線蓮1株（這裡用的是*Clematis* 'Regal'）

容器及材料

◇附底座石器花盆1個，直徑7吋（約18公分）、高8吋（約20公分）。◇1吋大小（約6平方公分）濾網。◇1到4杯混合栽培土。◇1杯覆蓋物。◇6吋（約15公分）平方苔蘚1片。

1 用濾網蓋住花盆裡的洞。
2 在花盆底部填進混合栽培土，留下夠放植物的空間，還要再多幾吋；從栽培花盆中取出鐵線蓮，擺進花盆裡，在四周填入更多混合栽培土，接著加進一層1吋（2.54公分）厚的覆蓋物、一層苔蘚。
3 輕輕解開纏在棚架上的植物（鐵線蓮通常繞在棚架上販售，這樣才能撐起藤蔓），輕拉藤蔓調整花朵、捲鬚、藤蔓的位置，讓植株有些不對稱的韻律。
4 在水槽內澆水，澆到水流出為止，瀝乾後擺在防水盤上，避免在放置的表面上留下水漬。

ON ITS OWN

RECIPE ② 搭配

植物

◆1加侖盆（容量約3.8公升的花盆）低矮日本茵芋1株（*Skimmia japonica*）

◆6到8吋盆（直徑約15到20公分的花盆）油點百合1株（*Ledebouria socialis*）

◆6吋盆（直徑約15公分的花盆）鐵線蓮1株（*Clematis* 'Regal'）

容器及材料

◆仿水泥花盆一個，直徑6吋（約15公分）、高11吋（約28公分）。◆1吋大小（約6平方公分）濾網。◆1杯小型火山岩。◆1到3杯混合栽培土。

STEP1

1 用濾網蓋住花盆裡的洞，接著倒入1吋（2.54公分）高的火山岩，加進幾吋高的混合栽培土，把移除栽培花盆的茵芋植株放進花盆裡；如果植株本體低於花盆邊緣2吋（約5公分）以上，就先把植株拿出來，再多加進一些混合栽培土。

STEP2

2 重複同樣的做法，把油點百合種進花盆裡。

STEP3

3 鐵線蓮也種進花盆之後，輕輕解開藤蔓，繞在植株底部，營造出整體性及現代感。一週澆水一到兩次，要確定底部的水有流出去。

WITH COMPANY

隱花鳳梨

EARTH STAR *(Cryptanthus)*

- 植物種類：鳳梨科
- 土壤要求：混合栽培土加泥炭 、蘭花栽培土，或是紫羅蘭栽培土
- 給水：保持濕潤，需要高濕度
- 光線：低光照到明亮

波浪狀葉片配上獨特的條紋，讓這種適合種在玻璃盆栽裡的植物，看起來就像是星星形狀的海中生物——因此常見名稱有海星植物、地星；繁殖很容易，在野外生長於森林地面，因此需要潮濕的環境，小型芽苞很適合微型擺設，只要把芽苞摘下來重新種植即可。

RECIPE① 主場植物

植物

◇2到4吋盆（直徑約5到10公分的花盆）隱花鳳梨2株（*Cryptanthus*'Pink Starlight'是不錯的選擇）

容器及材料

◇木塊花器兩個。◇蠟（蠟燭1支即可）。

1 尋找尺寸大小與栽培花盆相近的花器。
2 融化蠟燭滴入花器內，這麼做可以防潮。
3 從栽培花盆內取出隱花鳳梨，重新種入花器裡，讓葉片靠在花器表面上。
4 等植物生根後再把木塊花器直立，或是在葉片下面與土壤表面之間黏上3小條鐵絲固定植物；保持植物濕潤。

ON ITS OWN

RECIPE ❷ 搭配

植物

◆6吋盆（直徑約15公分的花盆）鶯歌鳳梨1株（*Vriesea gigantean* 'Nova'或*V. Ospinae* var. *gruberi*是不錯的選擇）

◆4吋盆（直徑約10公分的花盆）彩葉鳳梨1株（*Neoregelia* 'Donger'）

◆4吋盆隱花鳳梨1株、2吋盆隱花鳳梨2株（*Cryptanthus* 'Pink Starlight'、*C.* 'Elaine'、*C.* 'Ruby'是不錯的選擇）

容器及材料

◆榛子樹枝1段（*Corylus avenlana* 'Contorta'），約4呎（約1.2公尺）長；或是一段扭曲的柳枝也可以。 ◆12吋平方（約77平方公分）的苔蘚2片。 ◆6呎（約1.9公尺）長的釣線。

1 把樹枝擺放平穩。注意事項：因為這款設計需要巧妙的平衡，必須就地在展示處組合才行。

2 把所有的植物從栽培花盆中取出，移除大棵隱花鳳梨上的芽苞；把全部植物和芽苞都包裹成苔蘚球（作法參見第17頁），先種最大棵的鶯歌鳳梨（*Vriesea gigantean* 'Nova'），就擺在樹枝最粗厚的地方。

3 接著種小棵的彩葉鳳梨和大棵的隱花鳳梨，把小棵的隱花鳳梨和芽苞擺在最細的樹枝上。一天噴霧給水一次，兩週把植物移下來泡水一次，這個擺設可以維持好幾個月。

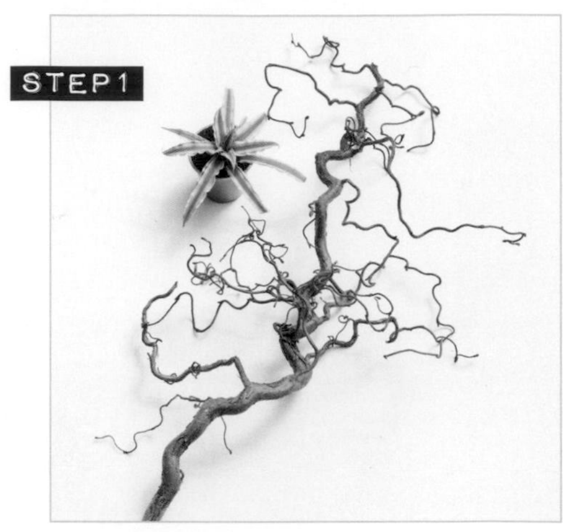

WITH COMPANY

RECIPE 3 特殊場合

隱花鳳梨 *Cryptanthus* 'Pink Starlight'
珊瑚鐘
Heuchera 'Purple Palace'
石蓮花
Echeveria 'Imbricata'

RECIPE③ 特殊場合

植物

◆4吋盆（直徑約10公分的花盆）石蓮花4株（*Echeveria* 'Imbricata'或是其他灰色的品種）
◆4吋盆隱花鳳梨1株（*Cryptanthus* 'Pink Starlight'）
◆4吋紫葉珊瑚鐘2株（*Heuchera* 'Purple Palace'或'Plum Pudding'是不錯的選擇）
◆4吋觀賞類奧勒岡2株（*Origanum* 'Kent Beauty'）

容器及材料

◆附底座古銀花盆1個，直徑至少12吋（約30公分）。 ◆2到4杯混合栽培土。

1 挑一個略帶底座的花盆，約是植栽設計的1/3高度，讓植物能夠覆蓋住邊緣。

2 倒進混合栽培土，在中央堆高土，從土堆頂端到花盆邊緣高度大約數吋。

3 先從栽培花盆取出石蓮花，種在花盆中央偏左處，把植栽向前傾斜，好讓中央擺設從前面就看得到，讓前方的植物靠在邊上，覆蓋住花盆邊緣。

4 把隱花鳳梨種在面前方中央處，向前傾斜，作為視覺焦點，輕拉葉片，讓葉片覆蓋住花盆前緣。

5 把珊瑚鐘錯落地種植在石蓮花兩側，讓花盆兩邊都能看到紫色的珊瑚鐘葉片。

6 為了增添蓬鬆感和香氣，把奧勒岡種在花盆一側，讓葉片垂墜下來，要覆蓋住中央後方相對處，做出一條對角線。

7 一週為隱花鳳梨噴三次水，保持奧勒岡潮濕，等植栽開始枯萎以後，拆掉組合，重新種植。

SPECIAL OCCASION

石蓮花

ECHEVERIA

- 植物種類：多肉
- 土壤要求：仙人掌栽培土
- 給水：維持一定濕度，表土乾燥後再澆水
- 光線：直接日照

這類多肉植物有時候稱為「母雞帶小雞」，擁有許多不同顏色的多汁玫瑰花樣，如果你有幸看到開花的盛況，那低垂的高枝甜美鐘型花朵，會短暫地改變這種穩定緩慢生長多肉植物的面貌；把不斷生長的側枝拔下來，只要重新種植這些生生不息的芽苞，就會有源源不絕的多肉植物。

RECIPE❶ 主場植物

植物

◇4吋盆（直徑約10公分的花盆）石蓮花5株：2株*Echeveria nodulosa*、2株*E. dlifractens*、1株*E. tomentosa*

◇2吋盆（直徑約5公分的花盆）或切枝石蓮花19株：3株*Echeveria* 'Lola'、葉緣或葉尖呈粉紅色的石蓮花6株（*E.pulidonis*、*E. pulidonis x derenbergii*、*E. chihuahuaensis*或是*E.* 'Captain Hay'）、「母雞帶小雞」4株（*E. secunda*）、4株*E.* 'Dondo'、2株*E.* 'Ramillete'

容器及材料

◇上漆木製植栽畫框箱子1個，長12吋（約30公分）、寬7吋（約18公分）、高2.5吋（約6公分），附擋土鐵絲網。◇4杯仙人掌栽培土。

1 挑一個顏色能夠襯托植物的畫框，這裡所用的粉紅色畫框，能夠讓具現代感的多肉植物增添趣味。

2 在畫框內裝進仙人掌栽培土，搖晃鋪平土壤，讓多餘的土從擋土鐵絲網縫隙落下。

3 從栽培花盆內取出石蓮花，輕輕鬆開根部，抖落多餘的土壤，可以更容易擺進擋土鐵絲網裡；把植栽跟切枝都種進畫框內，莖部至少必須在土壤內1/8吋（約0.125公分），可以用竹籤幫忙塞入根部。

4 把大朵玫瑰花樣湊在一起，讓相似的多肉植物排列成行，做出花樣，玫瑰花樣可以靠在畫框上，向外凸出。

5 擺在桌面上欣賞大約一個月左右，等到植栽跟切枝都生根之後，就可以掛在牆壁上（普通釘子就撐得起來）；在牆上掛一塊毛氈墊，以免牆壁受損。乾燥後再澆水，確保有足夠日曬。

ON ITS OWN

RECIPE ② 搭配

植物

◆2吋盆（直徑約5公分的花盆）藍粉筆1株（*Senecio serpens*）

◆2吋盆立田錦2株（*Pachyveria* 'Scheideckeri'）

◆2吋盆沙漠寶石（*Sedum* 'Desert Gem'）

◆2吋盆灰色石蓮花1株（*Echeveria secunda*是不錯的選擇）

◆1根披覆地衣的樹枝，約3吋長（約8公分）

容器及材料

◆水滴狀玻璃容器，直徑9吋（約23公分）。◆1杯裝飾用砂礫。◆1/2杯仙人掌栽培土。◆5呎（約1.5公尺）長的麻繩。

1 舀起3/4杯的裝飾用砂礫，裝進水滴狀的玻璃容器裡面，傾斜容器，讓砂礫堆由前向後逐漸增高，這種角度從後面看來會很優美。

2 舀進仙人掌栽培土，順著同樣的傾斜坡度，從栽培花盆中取出植物，開始種植，由大到小、從後往前，先種藍粉筆，接著種立田錦、沙漠寶石、灰色石蓮花；藍粉筆可以成為其他玫瑰花樣植物的有趣背景。

3 把樹枝放進去添加焦點，用漏斗在仙人掌栽培土表面覆蓋一層裝飾用砂礫。在水滴狀玻璃容器頂端繫上一段麻繩，掛在窗邊，用湯匙或滴管澆水，確保給水平均，玻璃容器底部不要積水。

WITH COMPANY

RECIPE 3 特殊場合

蓮花掌 *Aeonium* 'Kiwi'
空氣鳳梨
Tillandsia velutina
天竺葵
Pelargonium 'Oldbury Duet'
蓮花掌
Aeonium 'Kiwi'
景天佛甲草
Sedum 'Cranberry Harvest'

RECIPE③ 特殊場合

植物

◆1加侖盆（容量約3.8公升的花盆）石蓮花2株（*Echeveria* 'Goochie'）
◆4吋盆（直徑約10公分的花盆）天竺葵（*Pelargonium* 'Oldbury Duet'）
◆4吋盆大戟2株（*Euphorbia amygdaloides* var. *robbiae*）
◆4吋盆蓮花掌2株（*Aeonium* 'Kiwi'）
◆4吋盆景天佛甲草2株（*Sedum* 'Cranberry Harvest'）
◆6吋（直徑約15公分）空氣鳳梨1株（*Tillandsia velutina*）

容器及材料

◆附底座復古大碗1個，約直徑12吋（約30公分）、高4吋（約10公分）。

1 挑一個附底座的大碗，要具有正式主體裝飾的外觀，從栽培花盆裡取出全部的植株，抖落多餘土壤，把蓮花掌的玫瑰花樣和景天佛甲草一株株分開來。

2 先擺石蓮花，1株放在中央偏左處，其他的就放在後面跟中間，作為主軸焦點，讓植物朝大碗前方傾斜。

3 把天竺葵擺在大碗右方邊緣處，在石蓮花後面；花器後排種上一整列的大戟。

4 把蓮花掌的玫瑰花樣和景天佛甲草一簇簇種下去，與左前排的石蓮花之間留個空隙，最後再輕輕地把空氣鳳梨擺進那個空隙裡，靠在周圍植物的葉片上，鬆鬆地覆蓋住其他植株，注意石蓮花和佛甲草的花朵要能露出來。

5 這個擺設只能維持一陣子，幾週後拆開重新種植——植株就能各自欣欣向榮。

SPECIAL OCCASION

衛矛

EUONYMUS

- 植物種類：灌木
- 土壤要求：混合栽培土
- 給水：維持一定濕度，表土乾燥後再澆水
- 光線：低光照到明亮

這種植物非常容易種植，衛矛乍看之下或許沒什麼，卻能穩定生長，添加些許現代色彩和趣味綠雕藝術造型。

RECIPE ① 搭配

植物

◇6吋盆及4吋盆（直徑約15及10公分的花盆）雜色矮種衛矛各1株（*Euonymus japonicus* 'Microphyllus Albovariegatus'）

◇6吋盆迷你玫瑰1株（*Rosa*）

◇4吋盆羽葉薰衣草1株（*Lavandula multifida*）

容器及材料

◇石頭雕刻盆1個，10吋乘7吋（約25公分乘18公分）大小、高5吋（約13公分）。◇1吋大小（約6平方公分）濾網。◇3杯混合栽培土。

1 挑一個經典款的正式花盆來種花，把濾網鋪在排水孔上，倒入混合栽培土到2/3滿。

2 在中央做出一個小土堆，從栽培花盆裡取出比較大棵的衛矛，放置在土堆頂端，這樣做能增加一點高度。

3 從栽培花盆裡取出玫瑰，種在前方及偏左處，稍微傾斜，讓花朵覆蓋住花盆邊緣。

4 從栽培花盆裡取出比較小棵的衛矛，種在土堆前方及偏右處，稍微向右傾斜；最後從栽培花盆裡取出薰衣草，種在前方的小空隙。玫瑰花謝了以後，衛矛枝葉還能繼續生長，澆水後要徹底瀝乾水分。

WITH COMPANY

RECIPE ② 主場植物

植物

◆4吋盆及6吋盆（直徑約10及15公分的花盆）矮種長青衛矛各1株（*Euonymus japonica* 'Microphyllus'）

容器及材料

◆復古木頭花盆兩個，開口直徑3到6吋（約8～15公分）。◆錫箔紙。◆3簇白髮苔蘚。

1 找兩個細長的木頭花盆，高度與植株相近，在裡面鋪上錫箔紙防潮，為了多加一層防護，從栽培花盆裡取出植株，把根部也用錫箔紙包起來。

2 把植株擺進花盆裡，用白髮苔蘚蓋住土壤表面。

3 把雜亂的枝幹修剪成圓形，大約一週澆水一次，表土乾燥後再澆水，這個擺設可以維持六個月左右。

ON ITS OWN

大戟

EUPHORBIA

- 植物種類：多肉
- 土壤要求：仙人掌栽培土（適用於這裡所列出的種類）
- 給水：表土乾燥後再澆水，冬季保持乾燥／微濕
- 光線：直接日照

大戟是種類最龐大多樣化的植物之一，包括聖誕紅還有紅鉛筆樹這種被稱為「火棒」的栽培品種，也就是這裡所使用的；植物的汁液有時候會刺激皮膚，所以切開枝幹時，要小心流出來的乳白色黏稠物質，荊棘頂端有小小的葉片和銳利的尖刺，不需費心照顧，花期就能長達好幾個月。

RECIPE ❶ 主場植物

植物

◇4吋盆（直徑約10公分的花盆）紅鉛筆樹1株（*Euphorbia tirucalli* 'Sticks on Fire'）

容器及材料

◇陶瓷花瓶1個，直徑3.5吋（約9公分）、高9吋（約23公分）。 ◇1/4杯小型火山岩。 ◇1/8杯裝飾用砂礫。

1 把小型火山岩倒進花瓶裡。
2 從栽培花盆裡取出紅鉛筆樹，輕輕鬆開根部，抖落多餘的土壤，好讓根部能夠裝進花瓶裡。
3 固定植株，讓植物本體與花瓶邊緣齊平，以裝飾用砂礫覆蓋表面。
4 保持植株乾燥，盡可能接受陽光照射，植株上的「棒子」曬越多陽光，就會變得越紅，如果在陰影下，就會變為綠色。

RECIPE ❷ 搭配

植物

◆2吋盆（直徑約5公分的花盆）麒麟花1株（*Euphorbia milii*）

◆2吋盆青鎖龍屬多肉1株（*Crassula 'Spring Time'*）

◆2吋盆鼠尾仙人掌1株（*Aporocactus*）

容器及材料

◆陶製花盆1個，直徑4吋（約10公分）、高3吋（約8公分）。 ◆1/4杯小型火山岩。 ◆1/2杯仙人掌栽培土。 ◆1/8杯裝飾用砂礫。

1 倒入小型火山岩當作底層，接著倒進仙人掌栽培土，直到花盆2/3滿為止。

2 從栽培花盆裡取出麒麟花，小心擺在花盆中間偏後面的地方，必要的話，用紙張墊著保護手指，以免被荊棘刺傷；接著從栽培花盆裡取出多肉，種在中間靠前方處。

3 把鼠尾仙人掌種在後方麒麟花的左邊，撥弄細長帶刺的仙人掌，呈現出「舞動」的模樣，在視覺上能夠與麒麟花平衡。用裝飾用砂礫蓋住土壤表面，看起來會更優雅。約一週澆水一次，稍微傾斜花盆，確保底部沒有積水。這個擺設可以連續欣賞好幾個月。

STEP1

STEP2

STEP3

WITH COMPANY

RECIPE 3 特殊場合

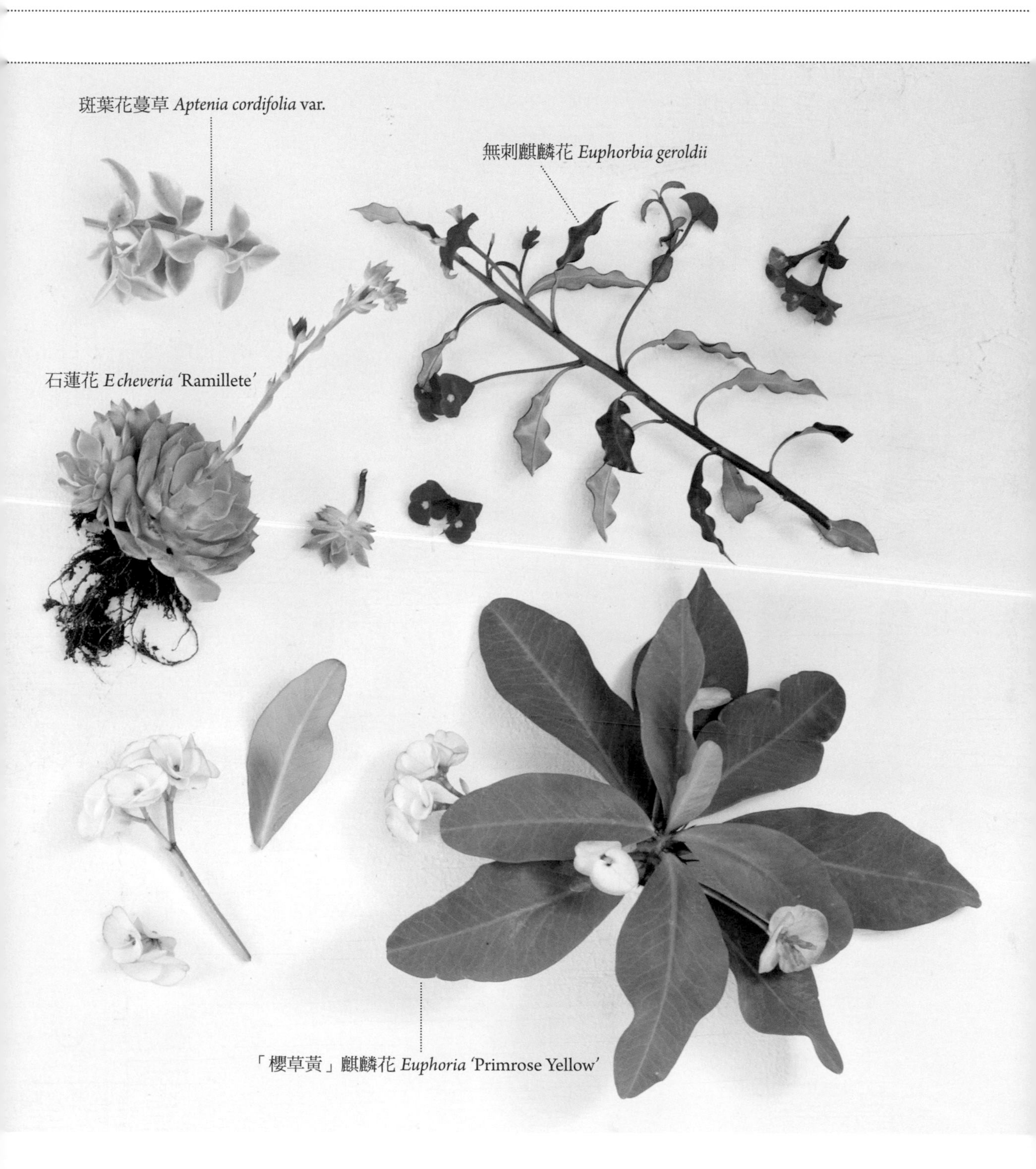
斑葉花蔓草 *Aptenia cordifolia* var.
無刺麒麟花 *Euphorbia geroldii*
石蓮花 *E cheveria* 'Ramillete'
「櫻草黃」麒麟花 *Euphoria* 'Primrose Yellow'

RECIPE ③ 特殊場合

植物

◆6吋盆（直徑約15公分的花盆）無刺麒麟花1株（*Euphorbia geroldii*）
◆6吋盆黃色花朵麒麟花2株（*Euphoria* 'Primrose Yellow'）
◆4吋盆（直徑約10公分的花盆）麒麟花1株（*Euphorbia milii*）
◆4吋盆苔草1株（*Carex solandri*）
◆4吋盆金銀花2株（*Lonicera* 'Baggesen's Gold'）
◆4吋盆斑葉花蔓草1株（*Aptenia cordifolia* var.）
◆4吋盆已開花綠色品系石蓮花2株（可以試試看*E cheveria* 'Ramillete'）

容器及材料

◆錫碗1個，直徑10吋（約25公分）、高5吋（約13公分）。 ◆1到3杯仙人掌栽培土。

1 挑選各式各樣不同尺寸的大戟麒麟花來創作這個叢林般的擺設，先在碗裡鋪上一層薄薄的仙人掌栽培土。

2 從正中央開始，擺進最高的那株麒麟花，接著把葉片大的擺在前面，依序在前面種下2株比較小的2株麒麟花。

3 小心避開帶刺的2株麒麟花，開始種植其他比較柔軟的植物，一樣先種最高的苔草和金銀花，略微傾斜，彼此互相平衡，創作出流暢的擺設。

4 把黃綠色的金銀花莖和麒麟花莖交錯編織。

5 在底層種入柔軟的斑葉花蔓草和石蓮花。

6 把種好的擺設放在光線明亮處，一週澆水一次，要確定底部沒有積水。這個擺設會慢慢生長，改變樣貌，可以視需要修剪。

SPECIAL OCCASION

榕
FICUS

◆ 植物種類：樹／灌木藤蔓
◆ 土壤要求：視情況而定
◆ 給水：保持濕潤，表土乾燥後再澆水
◆ 光線：低光照到明亮，只能間接日照

榕（屬）也稱為無花果（屬），不過這裡列出來的兩種都不能吃。寄生榕有很小顆的果實，但這些珍貴的寶藏也不保證能入口，請在這些果實由綠轉黃掉落之前，盡情地欣賞。薜荔不需要太多照料就能活躍生長，只要擺在桌上，就會沿著水平面匍匐伸展生長。

RECIPE❶ 主場植物

植物

◇4吋盆（直徑約10公分的花盆）寄生榕1株（*Ficus deltoidea*）

容器及材料

◇質樸的圓形石頭花盆1個，直徑4吋（約10公分）。◇1簇白髮苔蘚。

1 找一個略帶粗獷質感的圓形容器，外型類似榕屬植物的葉片形狀。
2 挑一棵帶有幾株分枝和一些果實的植株，就算不能吃，這些果實會變色，看起來就像小小的無花果一樣。
3 把栽培花盆擺進石頭花盆裡，讓植株本體對齊花盆邊緣。
4 為了讓外表更優雅，用苔蘚蓋住土壤表面，輕輕澆水，稍加照顧就能維持很長一段時間。

ON ITS OWN

菟葵
HELLEBORE
(Helleborus)

- 植物種類：多年生
- 土壤要求：混合栽培土
- 給水：保持濕潤
- 光線：低光照到間接日照

這種很早開花的植物也稱為大齋期玫瑰或聖誕玫瑰，輕柔波動的花朵依附在堅硬的鋸齒葉片上面；種類繁多，也找得到各式各樣的混種，但始終不變的是那美麗的花朵！顏色從豔麗的紫紅色到鮮豔一點的綠色都有，有些帶有斑點，有些會開重瓣花。

植物

◇6吋盆（直徑約15公分的花盆）嚏葵1株（*Helleborus*）

容器及材料

◇木塊花盆1個，直徑7吋（約18公分）。 ◇塑膠襯墊，能夠剛好放進花盆裡的大小。 ◇2到3吋（約5～8公分）大小的白髮苔蘚團塊兩個。

1 把襯墊鋪進木塊花盆裡，將植株連同栽培花盆一起擺進去，必要的話，調整栽培花盆的高度（作法見第16頁），讓植株本體對齊花盆頂部。

2 用苔蘚覆蓋住露出來的土壤，一週澆水一次，或是等乾燥後再澆水——保持濕潤。嚏葵花期結束之後，移植改種到戶外花園裡，當花朵都枯萎之後，鋸齒狀葉片更是格外吸引人。

ON ITS OWN

RECIPE② 搭配

植物

◆3加侖盆（容量約11.4公升的花盆）蓮花掌2株（紫葉蓮花掌*Aeonium* 'Cyclops'是不錯的選擇）

◆1加侖盆（容量約3.8公升的花盆）蓮花掌2株（黑法師和黑鬍子*Aeonium* 'Atropurpureum' *and A.* 'Blackbeard'是不錯的選擇）

◆2加侖盆（容量約7.6公升的花盆）銀矛1株（*Astelia* 'Silver Spear'）

◆1加侖盆菟葵1株（*Helleborus*）

容器及材料

◆鋁桶1個，直徑17吋（約43公分）、高18吋（約46公分）。◆磚頭兩塊，或其他夠堅固可以用來墊高的物品。◆塑膠襯墊，能夠剛好放進花盆裡的大小。◆10加侖（容量約37.9公升）塑膠花盆，附排水孔。◆12夸脫（容量約13.2公升）混合栽培土1袋。

1 根據植株高度決定桶子大小，挑選適當的材料來墊高植株（作法見第16頁），像是磚頭就可以，把磚塊放進桶子裡，鋪上襯墊，接著把桶子放在旁邊備用。

2 先從最具戲劇化效果的蓮花掌開始，移除栽培花盆，改種在塑膠花盆裡，倒入適量混合栽培土，讓植株保持在適當高度，接著種入垂墜的銀矛。

3 把花盆放進裝飾容器裡，從栽培花盆裡取出菟葵種進去，增添蓬鬆的細節。這裡使用的植物都能耐蔭，因為擺設規模比較大，在室內放了幾週之後，最好移到室外陰涼的地方去，乾燥後再澆水。

WITH COMPANY

RECIPE 3 特殊場合

植物

◆6吋盆（直徑約15公分的花盆）菟葵1株（*Helleborus*）

◆4吋盆（直徑約10公分的花盆）紫葉珊瑚鐘1株（*Heuchera* 'Purple Palace'或類似的品種是不錯的選擇）

◆6吋盆細葉鐵線蕨1株（*Arachniodes simplicior* 'Variegata'）

◆4吋盆勿忘我1株（*Myosotis palustris*）

容器及材料

◆黃綠色大碗1個，直徑10吋（約25公分）。◆5到10杯混合栽培土。

1 挑一個顏色鮮豔的大碗來呼應黃色的鐵線蕨葉、紫色的珊瑚鐘葉，還有淡紫色的菟葵。

2 從栽培花盆裡取出所有植栽，擺在旁邊備用。

3 先種菟葵，因為可能需要用掉大部分的空間，菟葵的根部有時候很堅硬，土塊會凝結成原來盆栽的形狀，必要時可以用刀子切開土塊（沒錯，就像切麵包那樣），修整團塊根底部和邊緣，好騰出空間種其他的植物。

4 把珊瑚鐘種在中間靠前方偏左處，略微向外傾斜，讓大面積的深色葉片覆蓋住大碗邊緣。

5 用同樣的方法在中間靠前方偏右處種下細葉鐵線蕨，把小棵的勿忘我塞進大碗前面中間的空隙。

6 把細葉鐵線蕨的葉片挑出來弄得蓬鬆點，用竹籤撐起需要固定的菟葵莖部，讓花朵朝向前面。一週澆水一到兩次，保持盆栽濕潤，勿忘我的花朵會最先凋謝，等到菟葵的花也謝了，就把擺設拆開，分別重新種回花盆裡，擺在室內或戶外都可以。

SPECIAL OCCASION

毬蘭

HOYA

◆ 植物種類：攀緣植物或藤本植物

◆ 土壤要求：混合栽培土，可以加入一些珍珠石，有利於排水

◆ 給水：保持濕潤，表土乾燥後再澆水，尤其是冬季

◆ 光線：全日照

毬蘭也稱為球蘭或玉蝶海，有著垂墜拖曳的葉片，形狀有趣，如果你有幸目睹開花的毬蘭（據說根部成團的植株，花開得比較好），花香馥郁，還能讓植株沿著棚架攀爬而上。

RECIPE ❶ 主場植物

植物

◇4吋盆（直徑約10公分的花盆）毬蘭2株（*Hoya carnosa* 'Crispa Variegata'和*H. c.* 'Compacta'）

容器及材料

◇小型附柄陶壺1個，口徑3吋（約8公分）寬、高5吋（約13公分）。◇1/2杯混合栽培土。

1 找一個有多彩條紋的小型容器，來搭配植株卷曲略帶色彩的葉片；在陶壺裡裝進半滿到2/3滿的混合栽培土。

2 徹底澆水後從栽培花盆裡取出兩棵植株，根部應該很容易分開，兩種各取2、3枝莖梗就夠了，其餘的再種回花盆裡；把最長的那段種在能蓋住壺嘴的地方，增加一點奇趣。

3 多餘的莖梗擺回原來的容器裡。

4 把新奇的卷曲葉片往下拉，蓋住花器邊緣，讓大家都能欣賞螺旋花飾，澆水保持一定濕度。

RECIPE② 搭配

植物

◆4吋盆（直徑約10公分的花盆）麒麟花1株（*Euphorbia milii*）

◆4吋盆毬蘭1株（*Hoya carnosa* 'Compacta'）

◆4吋盆景天佛甲草1株（*Sedum* 'Cape Blanco'）

容器及材料

◆手工陶盆1個，直徑5吋（約13公分）、高2吋（約5公分）。◆1吋大小（約6平方公分）濾網。◆混合栽培土。

1 挑一個低矮的花盆，上面的垂直線條和自然色彩，能夠呼應直立的麒麟花和毬蘭起伏的形狀。在排水孔鋪上濾網蓋住，必要的話可以鋪上一層薄薄的土。從栽培花盆裡取出麒麟花，擺在花盆後方最高的那一面。

2 從栽培花盆裡取出毬蘭，擺在前方偏左處，與麒麟花成對角線，讓毬蘭葉片保持直立，與其他植株維持平衡。

3 從栽培花盆裡取出景天佛甲草，塞入前方偏右處，填滿其他兩種植株之間的空隙，讓景天佛甲草垂下來，蓋住花盆最低的那一面。輕輕澆水，擺在水槽裡瀝乾，等完全乾燥後再澆水。

WITH COMPANY

風信子

HYACINTH *(Hyacinthus orientalis)*

◆ 植物種類：球莖
◆ 土壤要求：岩石、水分，或是排水良好的土壤
◆ 給水：保持濕潤
◆ 光線：全日照

香氣和一抹色彩帶來驚豔的效果！風信子就連擺在清水裡也能存活，開的花大約能夠維持兩週，不管你是購買球莖看著它成長，或者是購買已經結成小小緊緻花苞的植株，都要擺在陰涼的地方，才能夠盡量維持久一點。

RECIPE ❶ 搭配

植物

◇4吋盆（直徑約10公分的花盆）風信子7株：3株風信子（*Hyacinthus orientalis*）、4株葡萄風信子（*Muscari*）

◇4吋盆鬱金香2株（*Tulipa*）

◇4吋盆粉紅鐵線蕨2株（*Adiantum hispidulum*）

◇6吋盆（直徑約15公分的花盆）蕨類1株（耳蕨屬*Polystichum*很容易找到）

容器及材料

◇陶瓷大碗1個，直徑8吋（約20公分）。 ◇5杯混合栽培土。 ◇6吋平方（約39平方公分）的苔蘚1片。

1 在大碗裡加入足夠的混合栽培土，讓植株本體能與碗緣齊平。
2 從栽培花盆裡取出所有植栽。
3 從正中央的風信子開始，在下方堆土，必要的話堆高一點，把鬱金香種在風信子右邊，稍微往碗緣傾斜，創造出動感。
4 把蕨類和葡萄風信子種在碗裡前方及偏左處，填滿空隙，增添蓬鬆質感。均勻地澆水到濕潤為止，花謝之後，重新種回栽培花盆裡，只留下蕨類。

RECIPE ❷ 主場植物

植物

◆風信子（*Hyacinthus orientalis*）10株，連球莖帶花苞，已開花或正要開花均可

容器及材料

◆4個顏色尺寸不同的淺缽。◆12吋平方（約77平方公分）的苔蘚1片。

1 由小到大，依序排列淺缽和球莖，從栽培花盆裡取出最小顆的球莖，種在最小的容器裡；想要更活潑的效果，可以用花朵顏色最淺的植株搭配最小的容器，創造出漸進的變化效果。

2 繼續種植其他植株，把最大（或顏色最深）的種在最大的容器裡，用苔蘚蓋住土壤表面。

3 以賞心悅目的方式排列淺缽，澆水讓風信子保持濕潤，擺在陰涼處可以維持久一點。

ON ITS OWN

繡球花
HYDRANGEA

- 植物種類：觀花灌木
- 土壤要求：混合栽培土
- 給水：保持濕潤
- 光線：間接日照

繡球花蕾絲般的花冠是增添色彩的完美選擇。花謝以後改種到戶外地面上，就很有可能再度開花。這種植物喜歡水分，缺水會讓植株垂頭喪氣，要是發生這種狀況，可以把整棵植株浸泡在水裡後瀝乾，接著就禱告能夠成功復活吧！

RECIPE ❶ 主場植物

植物

◇6吋盆（直徑約15公分的花盆）繡球花3株（*Hydrangea macrophylla*）

容器及材料

◇花樣布料托特包1個，直徑12吋（約30公分）。◇玻璃紙或塑膠袋1個。◇塑膠襯墊，直徑12吋。

1 用玻璃紙鋪在布料包包底部，接著再多加一層防護，把塑膠襯墊也鋪在托特包裡。
2 植株留在原有的栽培花盆裡，移除支撐莖部的木棍或繩子。
3 把3棵植株都放進包包裡，稍微調整角度，排成一個圓形。
4 這個容器只是暫時性的擺設，這種植物喜歡水分，要確保分別替每棵植株徹底澆水。

ON ITS OWN

RECIPE ② 搭配

植物

◆6吋盆（直徑約15公分的花盆）繡球花1株（*Hydrangea macrophylla*）

◆6吋盆伯利恆之星1株（*Ornithogalum* 'Bethlehem'）

◆6吋盆鐵線蓮1株（*Clematis*）

容器及材料

◆木質花盆1個，直徑11吋（約28公分）、高13吋（約33公分）。◆玻璃紙 。◆耐水填充物，比如泡泡紙。

1 把繡球花擺在花盆旁邊，看看需要加多少襯墊，才能讓植株本體與花盆邊緣齊平。在花盆裡面鋪上玻璃紙和氣泡紙，拆掉栽培花盆的包裝紙，移除植株上的支撐物和線繩，不過還是要保留原來的栽培花盆。

2 把繡球花擺進花盆裡前方偏右的位置，稍微向前傾斜，讓葉片和花朵覆蓋住花盆邊緣。

3 在花盆裡後方的位置擺進伯利恆之星，最後再把鐵線蓮放在前方偏左的位置，讓藤蔓輕輕地垂落覆蓋住花盆側邊。保持每棵植株濕潤，等花謝之後，就移植到戶外去。

WITH COMPANY

常春藤

IVY *(Hedera)*

- 植物種類：藤本植物
- 土壤要求：不拘
- 給水：保持濕潤，表土乾燥後再澆水
- 光線：低光照到間接日照

常春藤有匍匐攀爬的葉片，四處蔓生，很適合拿來作擺設。這種植物很常見，能夠增添動感，等到其他許多植物都凋謝枯萎之後，常春藤還能活很久。試試紅莖常春藤，或是有雜色黃葉片的品種，或者是像RECIPE❶裡用的迷你葉片品種，都能帶來嶄新的風貌。

RECIPE ① 主場植物

植物

◇4吋盆（直徑約10公分的花盆）盆景常春藤1株（*Hedera helix* 'Duck Foot'）

容器及材料

◇小型白色瓷碗1個，約3.5吋（約9公分）寬。◇1/8杯混合栽培土，視需要而定。◇1小團白髮苔蘚或苔蘚片（1吋平方，約6平方公分大小即可）。◇1/4杯白色沙子。

1 挑一個寬口淺碗，尺寸略大於盆景。
2 從栽培花盆裡取出常春藤，擺進碗裡，視需要加入額外的混合栽培土。
3 用一小塊苔蘚包裹植株底部，接著在植株周遭邊緣處鋪上白色沙子，創造出寧靜的感覺。
4 修剪常春藤，讓植株看起來就像是被風吹往一邊。用湯匙輕輕澆水，注意不要讓底部積水，定期修剪，保持形狀。

ON ITS OWN

RECIPE 2 搭配

植物

◆4吋盆（直徑約10公分的花盆）常春藤2株（*Hedera helix*）

◆2吋盆（直徑約5公分的花盆）紐西蘭苔草1株（*Carex* 'Frosted Curls'）

◆4吋盆吊鐘花1株（*Fuchsia thymifolia*）

◆4吋盆露薇花1株（*Lewisia cotyledon*）

◆4吋盆紅星櫻茅花3株（*Rhodohypoxis* 'Pintado'）

容器及材料

◆重新粉刷過的復古木槽1個。 ◆1杯混合栽培土。

1 在容器裡倒入一部分混合栽培土，從栽培花盆裡取出常春藤，分成幾塊，一一種進容器裡，排成重複的線性設計；從栽培花盆裡取出紐西蘭苔草，把筆直的苔草擺在容器靠右處，種在兩株常春藤之間。

2 從栽培花盆裡取出吊鐘花，擺在中央偏左處，種在兩株常春藤之間，讓葉片覆蓋住容器前緣。

3 用盛開的露薇花和紅星櫻茅花填滿剩下的空間。一週大約一到兩次充分澆水濕潤，擺在明亮的地方。

WITH COMPANY

褐斑伽藍
KALANCHOE

◆ 植物種類：多肉
◆ 土壤要求：仙人掌栽培土
◆ 給水：表土乾燥後再澆水
◆ 光線：全日照或半日照，依植株而定

這裡用的伽藍屬植物名叫月兔耳，可以在室內存活，沒有人能抗拒得了這些毛茸茸的葉片吧？這些葉片不只好看，還富含水分，所以不需要太常澆水。此外還有受矚目的絲絨仙人扇，因為碩大波浪形狀的葉片而得名，即使是比較常見的長壽花（*Kalanchoe blossfeldiana*，可參考榕的RECIPE❷和網紋草RECIPE❷），也有色彩明豔的花朵和具光澤的葉片。

RECIPE ❶ 搭配

植物

◇6吋盆（直徑約15公分的花盆）月兔耳1株（*Kalanchoe tomentosa*）

◇4吋盆（直徑約10公分的花盆）睫毛秋海棠1株（*Begonia bowerea* var. *nigramarga*很容易找到）

◇3吋（直徑約8公分）空氣鳳梨2株（*Tillandsia velutina*是不錯的選擇）

容器及材料

◇附底座復古大碗1個，約直徑12吋（約30公分）寬、高4吋（約10公分）。 ◇6吋平方（約39平方公分）大小苔蘚1片。

1 挑一個能夠呼應植株金黃色調的容器。
2 從栽培花盆裡取出月兔耳和秋海棠，種進容器。從最高的植株月兔耳開始，擺在後方和偏左處。
3 輕輕地把秋海棠擺在中央後方偏右處，讓葉片覆蓋住碗緣，在植株邊緣填入苔蘚。
4 把兩株空氣鳳梨擺在前方中央的地方。
5 每週都把空氣鳳梨拿起來泡水，甩乾後擺回原位；一週輕輕澆水一次，等完全乾燥後再澆水，注意底部不要積水，這個擺設可以欣賞好幾個月。

WITH COMPANY

RECIPE ③ 特殊場合

植物

◆6吋盆（直徑約15公分的花盆）絲絨仙人扇1株（*Kalanchoe beharensis*）
◆6吋盆仙客來5株（*Cyclamen persicum*）
◆6吋盆矮種袋鼠爪花2株（*Anigozanthos*）
◆1加侖盆（容量約3.8公升的花盆）芸香1株（*Thalictrum* 'Evening Star'）
◆4吋盆（直徑約10公分的花盆）月兔耳2株（*Kalanchoe tomentosa*）
◆2吋盆（直徑約5公分的花盆）千兔耳3株（*Kalanchoe millotii*）
◆4吋盆長階花1株（*Hebe* 'Red Edge'）
◆2吋盆花葉落地生根2株（*Kalanchoe fedtschenkoi*）

容器及材料

◆銅折疊容器1個，開口14吋平方（約90平方公分）、高7吋（約18公分）。◆5杯火山岩，大小不拘——這是一個規模很大的擺設。◆8夸脫（容量約8.8公升）仙人掌栽培土1袋。

1 在容器底部鋪一層火山岩。

2 倒入仙人掌栽培土，裝到2/3滿，接著在中央多倒一些，形成土堆。

3 從栽培花盆裡取出所有植株，把6吋盆絲絨仙人扇種在中間右後方，形成整體擺設的最高點。

4 把仙客來種在旁邊，環繞成圈，在絲絨仙人扇前面。

5 接著擺進袋鼠爪花和芸香，分別種在絲絨仙人扇的左邊和右邊，塞在仙客來後面。

6 容器前方的空隙，用月兔耳、千兔耳和長階花填滿，加入花葉落地生根，把仙客來和芸香的花朵挑揀出來，凸顯植株裡的粉紅色和棕色。約一週一次，乾燥後再澆水。

SPECIAL OCCASION

拖鞋蘭

LADY'S SLIPPER *(Paphiopedilum)*

- 植物種類：蘭花
- 土壤要求：蘭花栽培土
- 給水：一週一次
- 光線：全日照

有些植物樣貌甜美，拖鞋蘭就是其中之一，不論小巧或細長或是卷曲垂墜，都有令人會心一笑的長下巴，這種植物花期很長，容易找得到也很好照顧。

RECIPE ❶ 主場植物

植物

◇4吋盆（直徑約10公分的花盆）拖鞋蘭2株（*Paphiopedilum*）

◇4吋盆牛頭犬拖鞋蘭1株（*Paphiopedilum*）

容器及材料

◇有蓋玻璃花瓶1個，直徑8吋（約20公分）、高18吋（約46公分）。◇2杯蘭花栽培土。◇1杯混合栽培土。◇1/8杯木炭。◇1小把泥炭蘚。

1. 在花瓶裡加入蘭花栽培土、混合栽培土、少量木炭。
2. 從栽培花盆裡取出所有植株，擺進花瓶裡，最矮的放前面，最高的放後面。
3. 用泥炭蘚蓋住土壤，拖鞋蘭喜歡玻璃盆栽，因此儘管放心把蓋子闔上，澆水保持濕潤，確保花瓶底部沒有積水；摘除凋謝的花朵，這個擺設可以欣賞幾個月。

ON ITS OWN

RECIPE ③ 特殊場合

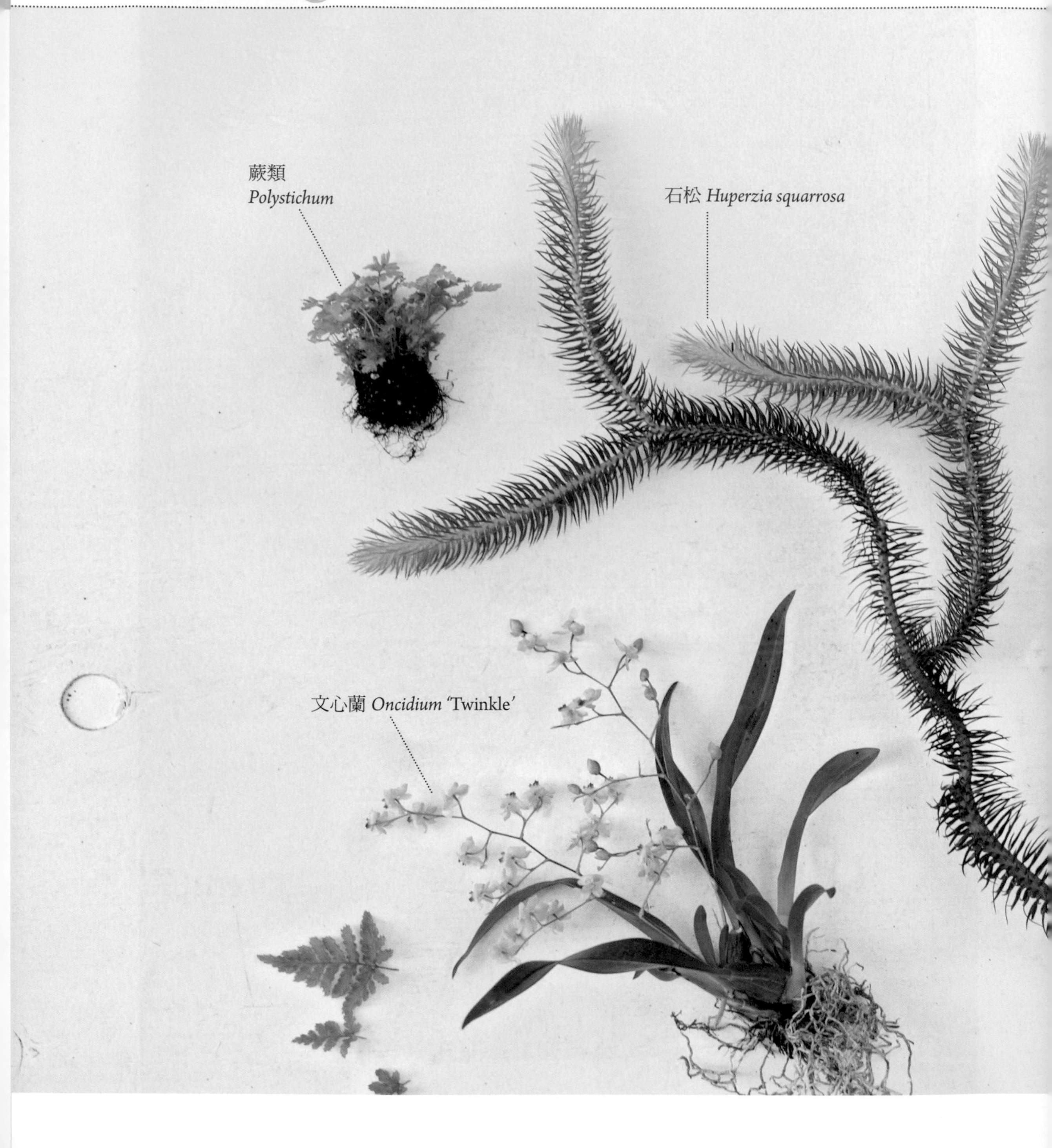

冷水花
Pilea 'Moon Valley'
牛頭犬拖鞋蘭
Paphiopedilum

RECIPE ③ 特殊場合

植物

◆4吋盆（直徑約10公分的花盆）牛頭犬拖鞋蘭1株（*Paphiopedilum*）

◆4吋盆石松1株（*Huperzia squarrosa*）

◆4吋盆文心蘭1株（*Oncidium* 'Twinkle'）

◆4吋盆冷水花2株（*Pilea* 'Moon Valley'）

◆2吋盆（直徑約5公分的花盆）蕨類3株（耳蕨屬*Polystichum*很容易找到）

容器及材料

◆玻璃花瓶一個，最寬處直徑10吋（約25公分）、高24吋（約61公分）。◆1/2杯木炭。◆5杯混合栽培土。

1 在花瓶裡加進一層木炭和混合栽培土，預留足夠的空間給全部的植株，這個擺設可以透過玻璃一覽無遺。

2 從栽培花盆裡取出拖鞋蘭，擺在正中央後方處，要能從前方看到花朵甜美的樣貌。

3 從栽培花盆裡取出石松，種在拖鞋蘭左前方，讓蕨葉捲曲靠在瓶壁上，框住拖鞋蘭；從栽培花盆裡取出文心蘭，種在拖鞋蘭右前方，營造一點輕盈蓬鬆的效果。

4 從栽培花盆裡取出其他植栽，把冷水花擺在中央前方，蕨類種在兩邊，加上一點苔蘚修飾。約一週澆水一次，保持濕潤，注意別讓花瓶底部積水，摘除凋謝的蘭花，這個擺設可以欣賞好幾個月。

SPECIAL OCCASION

地衣
LICHEN

- 植物種類：藻類與真菌
- 土壤要求：不需土壤，依附樹枝生長
- 給水：可噴霧澆水
- 光線：視種類而定

地衣是附生植物家族的一員，包括藻類和真菌，有興趣了嗎？地衣不只生長在樹上，也常常散裝成袋或附在樹枝上出售，擺在容器花園裡很好看，可以為擺設增添一種不可磨滅的斑爛色彩。

RECIPE ❶ 主場植物

植物

◇不同種類地衣覆蓋的樹枝3段，長度2到6吋（約5～15公分）

容器及材料

◇小玻璃罐3個。

1 把樹枝折成小段，擺進小玻璃罐裡，一罐一種。

2 排列罐子，讓三個罐子看起來就像一體成型，這個擺設可以一直放著，完全不需要照料。

ON ITS OWN

RECIPE ② 搭配

植物

◆一些地衣覆蓋的樹枝

◆4吋盆（直徑約10公分的花盆）石韋1株（*Pyrrosia sheareri*）

◆4吋盆迷你蝴蝶蘭1株（迷你*Phalaenopsis*）

◆2吋盆（直徑約5公分的花盆）熱帶豬籠草1株（*Nepenthes*）

◆3吋（直徑約8公分）淺粉紅色空氣鳳梨2株（*Tillandsia capita* 'Peach'和*T. velutina*都不錯）

◆2吋成束鬈狀空氣鳳梨1株（*Tillandsia fuchsii gracillis*或*T. filifolia*）

容器及材料

◆淺陶盆1個，直徑8吋（約20公分）、高3吋（約8公分）。◆1吋大小（約6平方公分）濾網。◆熱熔膠槍。◆1杯混合栽培土。◆1杯蘭花栽培樹皮介質。

1 把陶盆擺在桌上，用濾網蓋住排水孔，把地衣覆蓋的樹枝折成3吋長，用這些樹枝黏在陶盆周圍，做成一個框架。

2 從栽培花盆裡取出石韋，抖落多餘的土壤，擺在陶盆正中央。

3 蝴蝶蘭和豬籠草都保留栽培花盆，擺在石韋右邊和前方，用混合栽培土填滿空隙，再鋪上蘭花栽培樹皮介質，擺上空氣鳳梨。保持濕潤但不要濕透，一週噴霧澆水一到兩次。

WITH COMPANY

RECIPE 3 特殊場合

蝴蝶蘭
Phalaenopsis
三尖蘭 *Masdevallia*
地衣覆蓋的樹枝
Lichen-covered tree branch

RECIPE 3 特殊場合

植物

◆6呎（約1.9公尺）長地衣覆蓋的樹枝1段

◆4吋盆（直徑約10公分的花盆）蝴蝶蘭2株（*Phalaenopsis*）

◆4吋盆三尖蘭2株（*Masdevallia*）

◆4吋盆隱花鳳梨2株（*Cryptanthus* 'Black Mystic'）

◆8吋（直徑約20公分）空氣鳳梨3株（*Tillandsia Oaxaca, T. aeranthos* 'Purple Giant'和*T. stricta*都是不錯的選擇）

容器及材料

◆22呎（約6.7公尺）長的釣魚線或園藝鐵絲。◆12吋平方（約77平方公分）苔蘚6片。

1 把樹枝靠牆擺放，用一個比較重的花瓶固定，或是用幾個鉤子和釣魚線吊掛在天花板上。

2 從栽培花盆裡取出所有植栽，除了空氣鳳梨以外，全部用苔蘚裹住根部，做成苔蘚球（作法見第17頁）。

3 把植株塞進樹枝上原本的縫隙小洞裡，必要時可以用釣魚線或鐵絲幫助固定，蝴蝶蘭最後會自行附生固定在樹枝上。

4 一週用水瓶灑水兩到三次，一週整株淋水一次、徹底浸濕，或是每兩週取下個別植株泡水。

SPECIAL OCCASION

百合

LILY *(Lilium)*

- 植物種類：開花球莖
- 土壤要求：混合栽培土
- 給水：保持濕潤
- 光線：間接日照

百合花既常見又賞心悅目，大膽美麗的花朵直勾勾地盯著人瞧，從葵百合到鐵炮百合，顏色五花八門，有些還能讓房間裡滿室芬芳。挑選開花程度不等的植株，等花朵一綻放，就把滿是花粉的花蕊摘除，避免沾汙衣物。

RECIPE ① 主場植物

植物

◇6吋盆（直徑約15公分的花盆）重瓣東方型百合1株（*Lilium*）

容器及材料

◇水果碗1個，直徑10吋（約25公分）。◇餐巾布。◇玻璃紙。◇橡皮圈。◇12吋（約30公分）長廚房用麻繩1段。

1 挑一個水果碗和一塊圖案精美的餐巾布作為花器。
2 百合花保留原有的栽培花盆，用玻璃紙鬆鬆地包起來，拿橡皮圈固定。
3 在玻璃紙外包上餐巾布，頂端略微固定，蓋住大部分的土壤表面。
4 把包裹好的花盆放進水果碗裡。
5 一週一到兩次，把擺設拆開放進水槽裡澆水，充分瀝乾後重新包裝，再擺回去。

ON ITS OWN

口紅花

LIPSTICK PLANT (*Aeschynanthus radicans*)

- 植物種類：藤本植物
- 土壤要求：混合栽培土
- 給水：表土乾燥後再澆水，可噴霧澆水
- 光線：間接日照

這種植物最好認的可能是喇叭形狀的花朵，不過長長的拖曳莖柄卻能讓人保持興趣。讓這種吊盆藤蔓植物爬越桌面，或是從吊掛處傾瀉而下，全年之中都會陸續開花，管狀花朵看起來就像一支支轉出來的口紅，不過我最喜歡的還是可靠的葉片了。

RECIPE ❶ 主場植物

植物

◇6吋盆（直徑約15公分的花盆）口紅花1株（*Aeschynanthus radicans 'Rasta'*）

容器及材料

◇竹子花器，直徑至少4吋（約10公分）。◇1吋大小（約6平方公分）濾網。◇有大縫隙的籃子，能讓藤蔓穿過去，直徑8吋（約20公分）。◇塑膠襯墊，大小配合竹子花器。

1 在花器底部鑽洞，讓植株能夠排水。據說口紅花在根部受限（花盆比較小）的時候，會開比較多的花，但不要讓植株泡在水裡；用濾網蓋住排水孔。
2 從栽培花盆裡取出口紅花，鬆開根部，塞進竹子花器裡。
3 在籃子裡放一個低矮的塑膠襯墊，把花器擺進去，這樣可以避免籃子受潮。
4 把莖梗從籃子的縫隙之間穿過去，增添趣味，讓植株看起來就像是一直都在籃子裡生長。從籃子裡取出花器澆水，瀝乾後再擺回去。

ON ITS OWN

M屬仙人掌

MAMMILLARIA

◆ 植物種類：仙人掌
◆ 土壤要求：仙人掌栽培土，或是珍珠石、沙子、土壤混合物
◆ 給水：表土乾燥後再澆水
◆ 光線：直接日照

M屬仙人掌是仙人掌家族中最龐大的分支之一，散發紅褐色光輝的尖刺，讓豐明丸仙人掌（*Mammillaria bombycina*）格外吸引人，但是唉唷！小心了，有些倒鉤要是扎上了，可得花費一番工夫才能從手指頭上清除。這種小小2吋（約5公分）高的植株，能開出很漂亮的小花。

RECIPE ❶ 搭配

植物

◇4吋盆（直徑約10公分的花盆）兔耳仙人掌2株（*Opuntia microdasys*）

◇4吋盆豐明丸仙人掌3株（*Mammillaria bombycina*）

◇4吋盆白樺麒麟1株（*Euphorbia mammillaris* 'Variegata'）

◇4吋盆團扇仙人掌1株（可以找*crested Opuntia*這個品種）

◇4吋盆青鎖龍屬多肉1株（*Crassula* 'Morgan's Pink'）

容器及材料

◇黑色核桃木箱子1個，12吋平方（約77平方公分）大小。 ◇玻璃紙。 ◇4杯仙人掌栽培土。◇2杯黑色沙子。

1 在箱子裡鋪上玻璃紙，徹底保護木箱子，確保箱子邊緣處也蓋得到玻璃紙。

2 倒入仙人掌栽培土，裝滿到距離木箱子邊緣1吋（2.54公分）的地方。

3 小心地從栽培花盆裡取出植株，緊鄰排放在箱子中間，形成一體，調整高度和角度，把相近的植株聚在一起擺放。

4 在整層表面都鋪上沙子，靠近植物的地方可以用漏斗幫忙，注意不要埋住植株，輕搖箱子，弄順沙子。一週一次澆水少許，摘除青鎖龍屬凋謝的花朵，這個擺設可以放上好幾個月。

WITH COMPANY

RECIPE② 主場植物

植物

◆4吋盆（直徑約10公分的花盆）仙人掌（M屬）1株（*Mammillaria*）

◆2吋盆（直徑約5公分的花盆）豐明丸仙人掌2株（*Mammillaria bombycina*）

容器及材料

◆大碗1個，直徑8.5吋（約22公分）、高4.5吋（約11公分）。◆跟大碗能夠配成對的瓷杯，直徑3吋（約8公分）、高3吋。◆1杯小型火山岩。◆5杯仙人掌栽培土。◆1杯白色沙子。◆竹籤。◆裝飾用的石頭。

1 在大碗裡和杯子裡都倒入一層火山岩，上面加進仙人掌栽培土，裝滿到距離口緣1吋（2.54公分）的地方；從栽培花盆裡取出M屬仙人掌和一株豐明丸仙人掌，種在大碗裡，另一株豐明丸仙人掌種在瓷杯裡，必要的話，用厚紙保護手指，以免被鉤刺弄傷，加一點點的水。

2 倒入一層沙子，蓋住仙人掌栽培土，小心不要埋住仙人掌底部；輕搖花器，鋪平沙子，製造出平坦的表面。

3 用竹籤在沙子表面畫出圖樣，最後擺上裝飾用的石頭。大約一週澆水一次，徹底乾燥後再澆水。

ON ITS OWN

三尖蘭

MASDEVALLIA ORCHID

- 植物種類：蘭花
- 土壤要求：混合栽培土或蘭花栽培土
- 給水：保持濕潤
- 光線：低光照到間接日照

這些生氣蓬勃的花朵長得有點像蝙蝠，垂拱著花頸，在細瘦的莖梗上搖曳生姿，長出來的果莢看起來就像鳥喙。把植株擺在陰涼的地方，好好澆水，絕對不能擺在乾熱的地方。

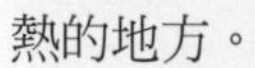

RECIPE ❶ 搭配

植物

◇4吋盆（直徑約10公分的花盆）三尖蘭2株（*Masdevallia*）

◇6吋盆（直徑約15公分的花盆）桔梗蘭1株（*Dianella caerulea*）

◇4吋盆隱花鳳梨3株（*Cryptanthus* 'Black Mystic'）

◇4吋盆網紋草4株（*Fittonia*）

容器及材料

◇扇貝紋瓦盆1個，直徑10吋（約25公分）、高18吋（約46公分）。 ◇1加侖（約3.8公升）容器。 ◇塑膠襯墊，直徑7吋（約18公分）。

1 這是一個大型展設擺飾，所有的植株都保留原來的栽培花盆，依據裝飾瓦盆的高度來衡量植株大小（作法見第17頁）。把1加侖容器倒放在瓦盆裡面，接著鋪上襯墊，可以接住水免得滴出來。

2 開始擺放植株，把最高的蘭花擺在襯墊頂端，要確定栽培花盆的邊緣略低於裝飾瓦盆的邊緣。

3 把桔梗蘭安插在中間，靠蘭花後方。

4 在中央植株附近種入隱花鳳梨，把網紋草種在中央前方處；讓蘭花懸掛著隨風飄蕩，保持植株濕潤。

WITH COMPANY

RECIPE❷ 主場植物

植物

◆6吋盆（直徑約15公分的花盆）蘭花1株（*Masdevallia*）

◆4吋盆（直徑約10公分的花盆）蘭花3株（*Masdevallia*）

容器及材料

◆瓷碗1個，直徑13吋（約33公分）。◆3杯蘭花栽培土。◆3呎（約91公分）長的絕緣電線。◆12吋平方（約77平方公分）的苔蘚1片。

1 挑一個雙色淺口容器，一眼就能看到裡外兩種顏色。在容器中央堆起蘭花栽培土，要確定還能看得到碗裡的色彩。從栽培花盆裡取出最大棵的蘭花，擺在碗中央，輕拍固定植株。

2 加入其他的蘭花，植株可能會東倒西歪的，可以輕壓土壤，讓植株直立起來。

3 用絕緣電線纏繞植株底部，可以幫助植株挺立；把植株挪動調整到最合適的位置，最後在底部裹上一層苔蘚，形成一個完美的圓餅，擺設維持陰涼濕潤。

ON ITS OWN

RECIPE 3 特殊場合

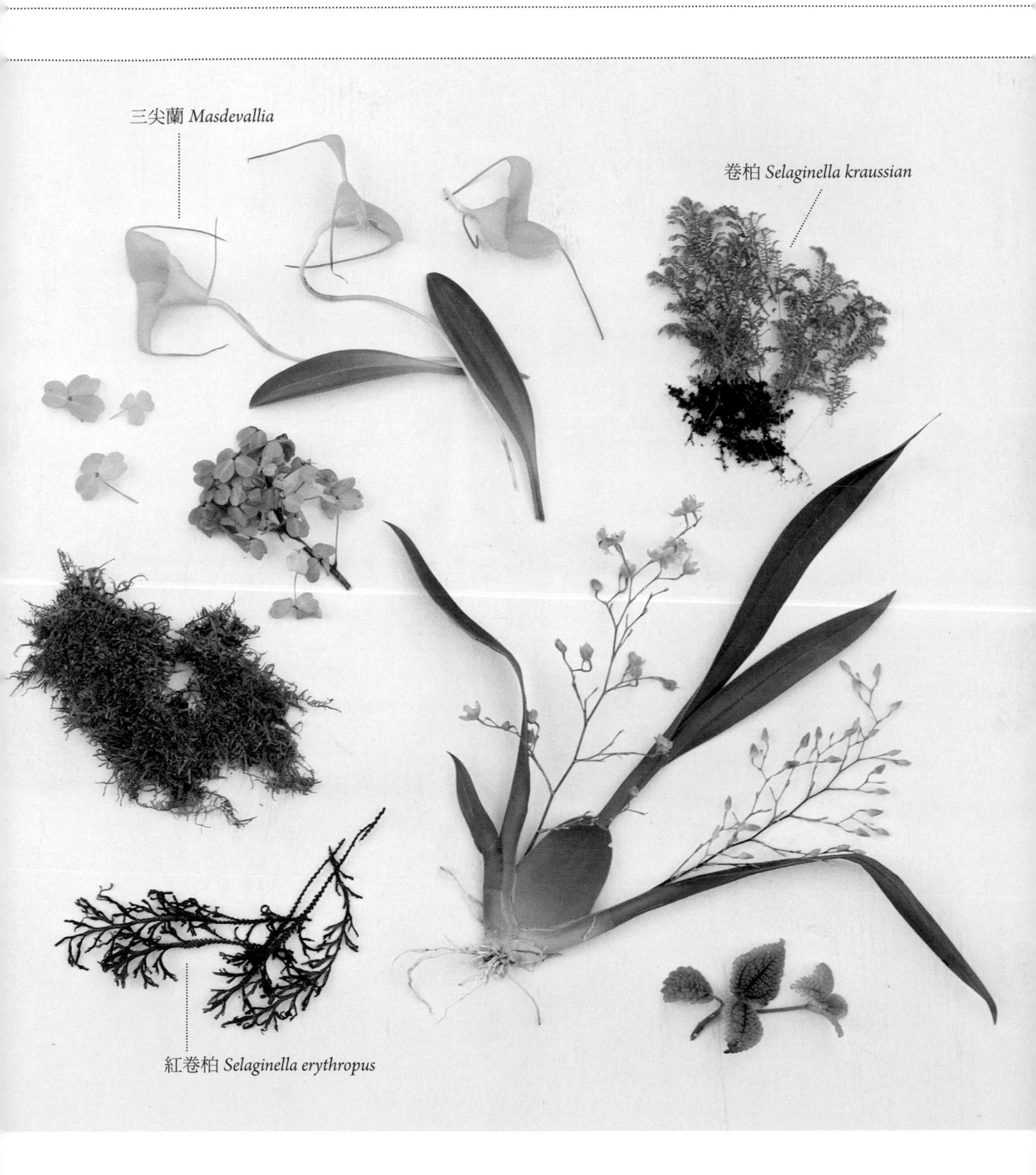
三尖蘭 *Masdevallia*
卷柏 *Selaginella kraussian*
紅卷柏 *Selaginella erythropus*

RECIPE 3 特殊場合

植物

◆4吋盆（直徑約10公分的花盆）「小紅楓」酢漿草1株（*Oxalis siliquosa* 'Sunset Velvet'）
◆6吋盆（直徑約15公分的花盆）紅卷柏1株（*Selaginella erythropus*）
◆4吋盆卷柏4株（推薦*Selaginella kraussian*、*S. apoda*和*S. canaliculata*）
◆4吋盆冷水花2株（*Pilea* 'Moon Valley'）
◆6吋盆三尖蘭1株（*Masdevallia*）
◆4吋盆文心蘭1株（*Oncidium* 'Twinkle'）

容器及材料

◆大型手工吹製玻璃容器1個，開口10吋（約25公分）、高18吋（約46公分）。 ◆5杯裝飾用砂礫。 ◆1/2杯木炭。 ◆3把泥炭。 ◆10杯混合栽培土。

1 在玻璃盆栽裡倒入裝飾用砂礫，當作底層，上面再鋪一層木炭和一層泥炭 ，舀起混合栽培土加上去，中央堆起4吋（約10公分）高就很夠了。

2 從栽培花盆裡取出酢漿草、卷柏、冷水花，伸長手臂，輕輕地把這些植株塞進玻璃容器裡，盡量保持土壤平坦，這樣玻璃盆栽側面的景觀才會更優雅。

3 三尖蘭保留原來的栽培花盆，擺進玻璃盆栽中央土堆預先挖好的洞裡，輕輕往前傾斜，讓花朵保持在距離開口處幾吋的地方；用同樣的方法處理文心蘭，挑選還沒開花的植株，就能在接下來的幾週內欣賞花苞綻放。很多文心蘭也帶有香氣。

4 把卷柏輕巧的葉片和蘭花纏繞在一起，讓三尖蘭的花朵看起來就像是在玻璃盆栽裡旋轉一樣。

5 保持擺設濕潤，等到花凋謝之後可以換上新的蘭花，或是其他會開花的植物。這個擺設可以持續變化生長好幾個月甚至好幾年（雖然到最後酢漿草和卷柏可能會蓋過一切）。

SPECIAL OCCASION

苔蘚

MOSS

- 植物種類：孢子植物
- 土壤要求：不需土壤
- 給水：保持濕潤
- 光線：低光照／陰暗處

生長在木塊上、花盆裡甚至是盤子中，濕軟的苔蘚其實非常具可塑性，也很堅韌，常常被當作背景裝飾；不過這裡的作法把苔蘚當成主角，盡情嘗試各式各樣的苔蘚——有些像蕨類、有些很細小、有些像海綿一樣。苔蘚也是陰暗房間的好夥伴，因為苔蘚不像大部分植物那樣喜愛光照，黏一些在廣口瓶裡，闔上蓋子，或是塗一些在花盆上，就可以看著苔蘚慢慢生長了。

RECIPE ① 主場植物

植物

◇3團苔蘚：白髮苔蘚（*Leucobryum*）、曲尾蘚（*Dicranum*）、金髮蘚（*Polytrichum*）、泥炭蘚（*Sphagnum*），種類不拘

容器及材料

◇可堆疊的玻璃罐3個，直徑4吋（約10公分）、高3吋（約8公分）。

1 找3個能夠堆疊的玻璃罐子，要附有蓋子，苔蘚不需要開口就能欣欣向榮地生長。
2 如果苔蘚乾掉變硬，噴一噴水或泡在水裡，最後再擠去多餘的水分。
3 分配所需的苔蘚份量──每個罐子裡擺一層苔蘚，不要擠到罐子邊上，也不要留下空隙。
4 把罐子堆疊起來，擺在陽光無法直射的地方，視需要澆點水（密閉的容器可以維持濕度）。

ON ITS OWN

RECIPE❷搭配

植物

◆4吋盆（直徑約10公分的花盆）卷柏2株（*Selaginella*），挑選生長較為緩慢的品種

◆4吋盆三尖蘭1株（*Masdevallia*）

容器及材料

◆附蓋回收玻璃花瓶1個，直徑6吋（約15公分）。◆2杯混合栽培土。◆陶製花盆1個，直徑4吋（約10公分）。◆玻璃花瓶1個，直徑至少6吋。

1 在附蓋花瓶裡倒入1吋（2.54公分）高的混合栽培土。

2 在附蓋花瓶裡面種滿卷柏，注意植株頂端不要超過瓶口，從玻璃花瓶側面看起來，綠色卷柏要多於褐色土壤。

3 在陶製花盆上塗抹苔蘚（作法見第17頁），每週噴霧澆水一次，避免陽光直射。移除蘭花上的固定木樁或竹籤，從栽培花盆裡取出蘭花，種進苔蘚花盆裡。接著小心地把苔蘚花盆擺進玻璃花瓶裡，讓葉片靠在花瓶邊緣上，花朵自然地披覆垂下，這些花朵會陸續凋謝。保持濕潤。

WITH COMPANY

RECIPE 3 特殊場合

野草莓 *Fragaria vesca*
非洲堇 *Saintpaulia*
蕨類 Fern
樹枝和樹幹 Twigs and branches

RECIPE ③ 特殊場合

植物

◆5簇苔蘚，種類不拘

◆2吋盆（直徑約5公分的花盆）或4吋盆（直徑約10公分的花盆）蕨類3株（異羽複葉耳蕨*Arachniodes simplicior*、海金沙*Lygodium japonicum*或是耳蕨屬*Polystichum*都不錯）

◆4吋盆（直徑約10公分的花盆）非洲堇2株（*Saintpaulia*）

◆4吋盆卷柏1株（*Selaginella*），袖珍品種

◆4吋盆常春藤1株（*Hedera helix* 'Duck Foot'）

◆2吋盆野草莓1株（*Fragaria vesca*）

◆4吋盆番紅花1株（*Crocus longiflorus*）

容器及材料

◆一大塊樹幹或樹皮塊，2到3呎（約61到91公分）。 ◆長12吋平方（約77平方公分）大小錫箔紙2張。

1 將乾苔蘚泡水軟化，平鋪在樹幹上。

2 以樹幹為中心開始擺設，平放在桌面上，從栽培花盆裡取出所有植株，輕輕搖晃，留下一些土壤，再用錫箔紙包裹住根部，這樣可以保護桌面；把植株塞進樹幹兩側的縫隙和孔洞裡去。

3 加入蕨類、非洲堇、卷柏、常春藤、野草莓，讓這些植物看似原本就長在那段樹幹上面，最後再擺上番紅花，畫上完美的句點。

4 用苔蘚覆蓋露出來的錫箔紙，噴霧澆水，這個暫時性的擺設可以欣賞將近一個禮拜，之後就可以把蕨類和其他花朵移植到花盆去。

SPECIAL OCCASION

蘑菇

MUSHROOM (*Lentinus*)

- 植物種類：真菌
- 土壤要求：特殊培養介質，蘑菇栽培組合裡都有附，有時用木頭碎片也可以
- 給水：成長時擺在遮蔭處，一天噴霧澆水兩次，保持高濕度
- 光線：低光照到間接日照

蘑菇栽培組合可以從網路上買到，自然食品店甚至某些超市也有賣，每天噴水加上一點耐心，你也可以種出蘑菇來食用或純欣賞。雖然不能擺放很久，卻是很容易打開話匣子的焦點擺設。

RECIPE ❶ 主場植物

植物

◇香菇栽培組合1個（*Lentinus edodes*）

容器及材料

◇木塊花器1個，直徑10吋（約25公分）、高6吋（約15公分）。 ◇塑膠襯墊，能放進花器裡面的大小。 ◇透明塑膠袋。

1 切一塊香菇栽培介質，大小剛好能放進木塊花器裡面，依照栽培組合所附的指示動手做。

2 把香菇栽培介質擺進塑膠襯墊裡，留一些空隙讓香菇能夠呼吸，放進木塊花器裡。

3 用打洞的透明塑膠袋蓋住擺設，一天噴霧澆水兩次，避免陽光直射，就能觀察香菇成長了。

網紋草

NERVE PLANT *(Fittonia)*

- 植物種類：多年生
- 土壤要求：混合栽培土
- 給水：保持濕潤，需要高濕度
- 光線：低光照

網紋草很容易買得到，不過要比其他觀葉植物來得難照料，就像熱帶森林一樣，因此偏愛玻璃盆栽的栽種環境，鮮明的葉脈——鮮紅、粉紅或是白色——讓這種植物令人難以抗拒，葉片會沿著表面攀爬，呈水平延伸，有些園藝店會用學名*Fittonia*來稱呼網紋草。

RECIPE ① 主場植物

植物

◇2吋盆（直徑約5公分的花盆）網紋草1株（*Fittonia*）

容器及材料

◇透明玻璃罐1個。

1 挑一個可以輕鬆容納植株大小的玻璃罐。
2 替網紋草澆水保持植株濕潤，接著從栽培花盆裡取出網紋草，用一些原本的土壤把植株固定在瓶蓋裡。
3 扣上玻璃罐，旋緊瓶蓋，植株開始缺水才澆水，網紋草需要保持濕潤，就能在這個密閉的空間裡欣欣向榮，生長好幾個月。

ON ITS OWN

RECIPE ❷ 搭配

植物

◆4吋盆（直徑約10公分的花盆）粉紅鐵線蕨1株（*Adiantum hispidulum*）

◆4吋盆網紋草2株（*Fittonia*）

◆4吋盆長壽花1株（*Kalanchoe blossfeldiana*），開粉橘色花朵

容器及材料

◆復古箱子1個，開口9吋乘5吋（約23公分乘13公分），高3.5吋（約9公分）。◆玻璃紙或小塑膠袋1個。

STEP1

1 找一個金色調的箱子來烘托植株豐富的秋季色系葉片，在箱子裡鋪上玻璃紙。

STEP2

2 把鐵線蕨連盆一起放進箱子中央。

STEP3

3 在鐵線蕨兩旁擺上網紋草，後方偏左處擺上長壽花，所有植株都保留原來的栽培花盆；輕輕梳理葉片，使葉片向外伸展，讓整體擺設更具野生風情。保持濕潤，這個擺設即使在花謝之後仍能維持很久——長壽花甚至有可能再度開花！

WITH COMPANY

瓶子草

PITCHER PLANT *(Sarracenia)*

- 植物種類：開花球莖
- 土壤要求：混合栽培土
- 給水：保持濕潤
- 光線：間接日照

瓶子草最令人驚豔的是那引人入勝的兜帽狀頭部，並且瓶子草還是很有意思的肉食植物（只要昆蟲闖進去，就會沿著滑坡溜下去困在裡面），小孩看了保證都會驚嘆尖叫。種植時間若在初冬要有耐心，瓶子草會冬眠好幾個月，不要擔心，等到白晝變長，它就會回過神來，抓更多的蒼蠅了。

RECIPE ❶ 主場植物

植物

◇6吋盆（直徑約15公分的花盆）瓶子草1株（*Sarracenia*）

容器及材料

◇復古金屬花瓶1個，直徑5.5吋（約14公分）、高9吋（約23公分）。◇3杯泥炭蘚與園藝栽培土混合物。◇10杯純水（蒸餾純水、RO逆滲透水或雨水）。◇一些泥炭蘚，份量足以蓋住植株底部。

1. 把泥炭蘚與園藝栽培土混合物倒進花瓶裡，裝到2/3滿，種進植株之後，土壤表面離瓶口約1吋（2.54公分）高。
2. 從栽培花盆裡取出瓶子草，小心地握住原有的土壤，全部一起放進花盆裡去。
3. 倒入足夠的水，讓植物徹底浸透但不要泡在水裡，水量應該剛剛好到土壤表面。
4. 在最上面鋪一點泥炭蘚，蓋住全部的土壤，這個擺設要維持相當的濕度。

ON ITS OWN

RECIPE❷ 搭配

植物

◆4吋盆（直徑約10公分的花盆）和6吋盆（直徑約15公分的花盆）瓶子草各1株（紫瓶子草*Sarracenia purpurea*、黃瓶子草*S. flava*和白瓶子草*S. leucophylla*都是不錯的選擇）

◆4吋盆毛氈苔1株（*Drosera*）

◆4吋盆「鐵十字」酢漿草1株（*Oxalis deppel* 'Iron Cross'）

◆1加侖盆（容量約3.8公升的花盆）木賊1株（*Equisetum hyemale*）

◆1加侖盆矮紙莎草1株（*Cyperus isocladus*）

◆1加侖盆銅錢草1株（*Hydrocotyle verticillata*）

◆1加侖盆慈姑1株（*Sagittaria australis*）

◆2吋盆（直徑約5公分的花盆）熱帶塔藍山豬籠草1株（*Nepenthes talangensis*）

◆4吋盆金髮姑娘珍珠菜1株（*Lysimachia nummularia* 'Goldilocks'）

◆水芙蓉3吋盆（直徑約8公分的花盆）1株及2吋盆2株（*Pistia stratiotes*）

容器及材料

◆堅固的淺銅碗1個，直徑21吋（約53公分）。◆1/2杯肉食植物栽培土。◆塑膠襯墊。◆1杯木炭。◆1杯蒸餾水。◆8杯黑色小型鵝卵石。

1 要挑一個堅固的碗，因為這個容器花園會很重。從栽培花盆裡取出植株，把瓶子草、毛氈苔、酢漿草聚在一起，用肉食植物栽培土加上一點木炭，種在塑膠襯墊內，接著把襯墊擺在碗中央前方處，澆上蒸餾水。

2 把這些植株都從栽培花盆裡取出來，移除大部分的土壤，先從最大株也最高的木賊和矮紙莎草開始，用小型鵝卵石填滿空隙，撐起植株保持直立。

3 用低矮、葉片較大的植株填滿周邊，像是銅錢草和慈姑。加入鵝卵石，蓋住全部的容器和土壤，把豬籠草和珍珠菜擺在鵝卵石上面，以免根部泡在水裡。澆水（約0.5加侖=約1.9公升）做成一道護城河，接著擺進水芙蓉；保持水量，這個擺設可以放上幾個月。

WITH COMPANY

報春花

PRIMROSE *(Primula)*

- ◆ 植物種類：多年生
- ◆ 土壤要求：混合栽培土
- ◆ 給水：保持濕潤
- ◆ 光線：間接日照到低光照

這些甜美的花朵有著宜人的老派外觀，總讓我想起英式鄉間花園，何不把這樣的經典花園帶回家呢？這種春天開花的植物喜歡潮濕陰暗的地方。

RECIPE① 主場植物

植物

◇4吋盆（直徑約10公分的花盆）報春花1株（*Primula polyantha* 'Victoriana Gold Lace Black'）

容器及材料

◇圓柱狀花盆1個，直徑3吋（約8公分）。◇1吋大小（約6平方公分）濾網。◇1/2杯混合栽培土。◇1/4杯細碎冷杉樹皮覆蓋物或蘭花栽培樹皮介質。

1 挑一個附排水孔的小花盆，這裡選用的黃白配色組合增添了一點奇趣。

2 把濾網蓋在排水孔上，倒入混合栽培土。

3 從栽培花盆裡取出報春花，種進花盆裡。

4 加入一層樹皮，讓盆栽看起來就像是真正的花園植栽，摘除凋謝的花朵能讓植株再度綻放，保持潮濕，笑看群花。

ON ITS OWN

RECIPE ❷ 搭配

植物

◆4吋盆（直徑約10公分的花盆）常春藤1株，挑選葉片摻雜黃色的品種（*Hedera helix*）

◆4吋盆深色葉片根莖型秋海棠1株（*Begonia*）

◆4吋盆報春花2株（*Primula* 'Angelo Hayes'、*P.* 'Cowslip'）

容器及材料

◆附把手銅花盆1個，直徑6吋（約15公分）、高8吋（約20公分）。◆5到8杯混合栽培土。

1 在銅花盆裡加入混合栽培土，裝到2/3滿為止。從栽培花盆裡取出常春藤，種在花盆裡前方偏左靠邊緣處，用藤蔓纏繞花盆的把手。

2 從栽培花盆裡取出秋海棠，種在常春藤對角處，讓葉片垂覆在花盆邊上。

3 從栽培花盆裡取出報春花，種在花盆中央，接著把另一個品種的報春花種在右後方，必要時可以把土堆高，讓花朵能夠凸顯在葉片之上。一週澆水一到兩次，保持適度濕潤，報春花謝了之後，秋海棠和長春藤還能夠維持很長的一段時間。

WITH COMPANY

RECIPE 3 特殊場合

龍蝦花 *Plectranthus neochilus*
澳洲堇菜
Viola hederacea
紫羅蘭 *Viola* 'Sorbet Raspberry'

RECIPE③特殊場合

植物

◆4吋盆（直徑約10公分的花盆）常春藤1株（*Hedera helix*）
◆4吋盆馬蹄金1株（*Dichondra repens* 'Emerald Falls'）
◆4吋盆龍蝦花1株（*Plectranthus neochilus*）
◆4吋盆報春花1株（*Primula capitata ssp. mooreana*）
◆4吋盆馬鈴薯藤1株（*Ipomea* 'Bright Ideas Rusty Red'）
◆4吋盆澳洲堇菜1株（*Viola hederacea*）
◆4吋盆紫羅蘭6株：3株*Viola* 'Frosted Chocolate'、3株*V.* 'Sorbet Raspberry'

容器及材料

◆復古金屬工具箱1個，19.5吋乘8吋（約50公分乘20公分）大、高2吋（約5公分）。 ◆1杯混合栽培土。

1 在工具箱裡鋪上一層混合栽培土。

2 從栽培花盆裡取出常春藤，沿著箱子前方的邊緣栽種；馬蹄金則種在右前方的角落裡，讓這兩種植株都覆蓋住箱子的邊緣；從栽培花盆裡取出龍蝦花和報春花，種在左後方的角落裡。

3 從栽培花盆裡取出馬鈴薯藤，種在箱子中央，形成對比，讓藤蔓從中央往前後延伸出去。

4 用堇菜和紫羅蘭填滿空隙，讓馬鈴薯藤和馬蹄金蜿蜒生長，修剪報春花，可以促進開花。

SPECIAL OCCASION

虎尾蘭

SANSEVIERIA

- 植物種類：觀葉室內盆栽植物
- 土壤要求：均可
- 給水：保持濕潤，表土乾燥後再澆水
- 光線：低光照到間接日照

虎尾蘭又稱「岳母舌」（哎呀！），是種堅忍不拔的植物，很好照料，外型也很好看，厚實如皮革般的葉片顏色多樣，包括RECIPE❸裡可以看到的紅銅色品種；另一種棒葉虎尾蘭有著相同的特質，不過葉片呈圓柱形。

RECIPE① 主場植物

植物

◇8吋盆（直徑約20公分的花盆）虎尾蘭1株（*Sansevieria trifasciata*）

容器及材料

◇大碗1個，直徑至少8吋（約20公分）。◇防水填塞料，例如泡泡紙。◇3杯裝飾用砂礫。

1 這個現代擺設不管居家裝飾或放在辦公室都很適合。把虎尾蘭擺在大碗旁邊，評估需要加進多少填塞料，才能讓栽培花盆的邊緣與大碗碗緣齊平。

2 在碗底擺進適量的防水填塞料，當作支撐。

3 把植株擺進碗裡，調整栽培花盆，對齊大碗碗緣，四周再多放一些防水填塞料，讓表面高度平整一點。

4 用裝飾用砂礫蓋住防水填塞料和土壤表面，填滿大碗。大約一週澆水少許。

ON ITS OWN

RECIPE ② 搭配

植物

◆4吋盆（直徑約10公分的花盆）棒葉虎尾蘭1株（*Sansevieria cylindrica*）

◆4吋盆椒草1株（*Peperomia* 'Hope'）

◆4吋盆松風仙人掌1株（*Rhipsalis capilliformis*）

容器及材料

◆裝飾帆布袋1個，直徑約6吋（約15公分）。◆塑膠襯墊。◆1/2杯小型火山岩。◆防水填塞料，例如泡泡紙。

1 確認塑膠襯墊的尺寸，要能剛好放進帆布袋裡，高度相近，在襯墊內倒入火山岩，擺進帆布袋裡，衡量植株尺寸，必要時，在襯墊下加一層防水填塞料，讓植株底部的土壤表面能與帆布袋邊緣齊平。

2 從栽培花盆裡取出棒葉虎尾蘭，擺在中間略微偏右的地方。

3 從栽培花盆裡取出矮小的椒草，種在棒葉虎尾蘭前方，接著從栽培花盆裡取出松風仙人掌，種在棒葉虎尾蘭左邊，輕拉細長的莖梗，垂覆在邊緣上。大約一週澆水一次，乾燥後再澆水。

WITH COMPANY

RECIPE 3 特殊場合

秋海棠
Begonia 'Black Coffee'
虎尾蘭
Sansevieria kirkii pulchra 'Copper'

RECIPE③ 特殊場合

植物

◆6吋盆（直徑約15公分的花盆）虎尾蘭1株（*Sansevieria kirkii pulchra* 'Copper'）

◆4吋盆（直徑約10公分的花盆）即將綻放的蘭花1株（迷你香水文心*Oncidium Twinkle* 'Red Fantasy'）

◆6吋盆秋海棠1株（*Begonia* 'Black Coffee'是不錯的選擇）

◆4吋盆迷你玫瑰1株（*Rosa*）

容器及材料

◆大型銅碗1個，直徑18吋（約46公分）。◆2杯混合栽培土。◆12吋平方（約77平方公分）大小的苔蘚1片。

1 在碗裡倒進混合栽培土，除了蘭花之外，從栽培花盆裡取出所有的植株一字排開。

2 從虎尾蘭開始，用近乎水平的角度種在大碗的一角，可以使用整株，如果移除栽培花盆時分開了，也可以種植部分就好。

3 在對角處用同樣的方法種下帶盆的蘭花，接著用秋海棠填滿後方的區域。

4 在虎尾蘭和蘭花之間安插擠進玫瑰，讓盛開的花朵面向前方中央處；用苔蘚填滿空隙露出來的土壤表面；輕輕調整秋海棠葉片，讓秋海棠與其他植株融合為一體。

5 玫瑰可能很快就凋謝了，不過蘭花可以維持好幾個月。一週澆水兩次，乾燥後再澆水，小心不要讓根部泡在水裡。

SPECIAL OCCASION

景天
SEDUM

◆ 植物種類：多肉
◆ 土壤要求：仙人掌栽培土
◆ 給水：表土乾燥後再澆水
◆ 光線：間接日照到直射陽光

玉綴和近親新玉綴都有肥厚的多肉葉片，重重疊疊，就像粗編而成的繩索，垂覆在容器邊緣，往下延伸；小心沉甸甸的葉片，輕輕一碰就有可能掉落。話雖如此，也不用太擔心，因為每塊小葉片都可以擺在土壤上發根，其他品種的景天比較沒這麼脆弱。

植物

◇6吋盆（直徑約15公分的花盆）和4吋盆（直徑約10公分的花盆）玉綴各1株（*Sedum morganianum*或*S. burrito*）

容器及材料

◇八角形花器1個，直徑9吋（約23公分）。◇2杯仙人掌栽培土。

1 挑一個傾斜但能穩固擺放的花盆，有多角平面，能以各種不同的角度擺放也不會翻倒。擺設概念是要讓景天植株像從傾倒的花盆裡撒出來一樣。

2 在花器裡倒入仙人掌栽培土，裝到1/3滿，沿著花器開口的形狀調整栽培土表面的斜度。

3 要格外小心，只接觸土壤和根部，把植株從栽培花盆裡拿出來。

4 首先把最大棵、「尾巴」最長的植株擺在花器裡最低的位置，較小棵短一點的則種在上方，輕輕擺放植株，讓重疊的葉片尾巴湧出花器外面；少量給水，乾燥後再澆水，盡量不要移動這個擺設。

ON ITS OWN

RECIPE② 搭配

植物

◆4吋盆（直徑約10公分的花盆）玉綴（*Sedum morganianum*）或新玉綴（*S. burrito*）1株

◆4吋盆長生草9株：2株*Sempervivum tectorum*、5株*S. arachnoideum*、2株*S. calcareum*

◆4吋盆石蓮花9株：2株*Echeveria* 'Imbricata'、2株*E.* 'Domingo'、2株*E.* 'Dondo'、2株*E.* 'Pulidonis'、1株*E.* 'Lola'

◆4吋盆仙女杯2株（*Dudleya hassei*）

◆4吋盆厚葉景天2株（*Pachyphytum hookeri*）

◆2吋盆（直徑約5公分的花盆）風車草2株（*Graptopetalum paraguayense*）

◆4吋盆粉雪1株（*Sedum oaxacanum*）

容器及材料

◆仿水泥大碗1個，直徑15.5吋（約39公分）、高8吋（約20公分）。◆1吋大小（約6平方公分）濾網。◆2杯小型火山岩。◆8到10杯仙人掌栽培土。

1 用濾網蓋住大碗裡的排水孔，接著倒入1吋（2.54公分）高的火山岩，再加入仙人掌栽培土，裝到2/3滿為止，必要時，留一些土在中央堆高。從栽培花盆裡取出植株，一字排開。

2 從中央開始，先種下最大棵的植株，必要時可多加一點仙人掌栽培土，讓中央的植株略高於旁邊其他棵。

3 填入較小株的多肉，記得要種在與大碗邊緣齊平的位置，讓多肉能夠恣意垂覆下來，乾燥後再澆水。

WITH COMPANY

RECIPE 3 特殊場合

覆輪丸葉萬年草 *Sedum makinoi* 'Variegata'

塔松 *Sedum reflexum* 'Blue Spruce'

RECIPE ③ 特殊場合

植物

◆4吋盆（直徑約10公分的花盆）景天佛甲草4株（岩景天*Sedum rupestre* 'Angelina'、*S. acre* 'Elegans'、六棱景天*S. sexangulare*都是不錯的選擇）

◆2吋盆（直徑約5公分的花盆）覆輪丸葉萬年草2株（*Sedum makinoi* 'Variegata'）

◆塔松切枝1段（*Sedum reflexum* 'Blue Spruce'）

◆2吋盆青鎖龍8株（或4吋盆2株）（試試*Crassula pubescens*或*C. subsessilis*）

◆2吋盆長生草3到4株（*Sempervivum arachnoideum*和*S.* 'Sunset'是不錯的選擇）

◆2吋盆石蓮花10株（*Echeveria secunda*）

容器及材料

◆木頭百葉窗箱一個，11吋乘20吋（約28乘51公分）大小。 ◆8夸脫（容量約8.8公升）仙人掌栽培土1袋。 ◆2杯裝飾用砂礫。

1 這是一個再利用的百葉窗，後面釘上一個堅固的木箱，我把它漆成紅色，底部有排水孔，背後有掛鉤，要移動或澆水都很方便。百葉窗的板條既可以盛裝土壤，也非常適合栽種植株。

2 把百葉窗箱正面朝上平放在桌子上，用小鏟子和漏斗倒進仙人掌栽培土，裝到箱子幾乎快滿了為止，輕輕搖動箱子，讓土壤分布平均一點。

3 從多肉開始著手，移除栽培花盆，必要時分成小株，塞進板條縫中，要確認原有的土壤和根部都完全放進去，輕拍土壤表面，接著再塞入其他切枝，要確實插入仙人掌栽培土裡，這樣才會生根穩固。

4 將百葉窗箱平放一週，讓植株定位生根。

5 把百葉窗豎直，用湯匙舀進裝飾用砂礫，填滿所有的空隙，小心地把百葉窗箱掛在牆上，植株會繼續生根填滿空隙，沿著箱框擴展。一週用噴嘴澆水一次後瀝乾，這個擺設會繼續生長變化，能維持好幾年。

SPECIAL OCCASION

長生草

SEMPERVIVUM

- 植物種類：多肉
- 土壤要求：仙人掌栽培土
- 給水：表土乾燥後再澆水
- 光線：直射陽光

我喜歡把長生草擺在窗台上，小小的玫瑰花樣靠在窄窄的窗櫺上剛剛好。這種植物也喜歡沐浴在陽光之下，有時候又稱為母雞帶小雞（沒錯，名稱就跟某些品種的石蓮花一樣），有些品種會長出一層奇怪的白膜網，不是每個人都能欣賞這一點，不過只要善加運用，挑對容器也能創造出不拘一格的效果。

RECIPE ① 主場植物

植物

◇2吋盆（直徑約5公分的花盆）長生草7株（*Sempervivum* 'Icicle'、*S.* 'Kalinda'、*S.* 'Silver'、*S.* 'Queen' 都是不錯的選擇）

容器及材料

◇復古果凍模型7個，直徑約2吋（約5公分）。◇1杯仙人掌栽培土。◇7湯匙裝飾用砂礫。◇白膠與水各半混合。◇裝飾大淺盤1個，直徑12吋（約30公分）。

1 果凍模型的尺寸非常適合2吋盆的單株長生草，但要注意有些模型的底部比較窄，有可能容易翻倒。

2 從栽培花盆裡取出多肉，擺進模型裡，如果植株看起來太高，就輕揉根部鬆開結塊的土，便能順利擺進去。

3 必要時，用仙人掌栽培土填滿四周空隙，讓植株填滿容器，與邊緣齊平。

4 用一層裝飾用砂礫蓋住仙人掌栽培土，為了多加一層保護，在每個模型的砂礫層都噴上一層白膠水，如此一來可以固定砂礫，不怕打翻果凍模型。把模型擺在大淺盤上。

5 一週用湯匙澆水一次，稍微傾斜模型，倒掉多餘水分，這個擺設可以放上好幾個月。

ON ITS OWN

RECIPE② 搭配

植物

◆4吋盆（直徑約10公分的花盆）蓮花掌2株：1株*Aeonium* 'Ballerina'、1株*A.* 'Sunburst'或'Kiwi'

◆2吋盆（直徑約5公分的花盆）蓮花掌7株（*A.* 'Sunburst'）

◆2吋盆青鎖龍1株（*Crassula pubescens*）

◆2吋盆石蓮花14株：2株*Echeveria* 'Domingo'、1株*E.* 'Doris Taylor'、6株墨西哥雪球（*E. elegans*）、2株母雞帶小雞（*E. secunda*）、2株*E.* 'Pinwheel'、1株*E.* 'Lola'

◆2吋盆景天佛甲草5株：3株*Sedum dasphyllum*、2株*S. rupestre* 'Angelina'

◆2吋盆長生草4株（*Sempervivum* 'Carmen'）

◆2吋盆綠之鈴2株（*Senecio rowlyanus*）

◆2吋盆左手香2株（*Plectranthus amboinicus*）

容器及材料

◆乾燥椰棗樹幹一段，上有裂口，長56吋（約142公分）。◆5杯仙人掌栽培土。

1 挑一段乾燥椰棗樹幹或是一個大的橢圓形容器，中間要有細長的開口，足以容納2吋盆植株。如果兩端有裂縫，就用苔蘚裹住錫箔紙做成擋片擺在裡面，讓仙人掌栽培土不會掉出去。為了讓花器保持平穩，可以在底部黏上小木塊當作襯墊。用漏斗倒入仙人掌栽培土，裝到約2/3滿，在不同區域把土堆高，創造出丘陵起伏的感覺，等到植株生長穩定之後，把椰棗樹幹傾斜側放，看起來會更棒（一旦植株生根就不會掉下來了）。

2 從栽培花盆裡取出所有植株，沿著容器成列擺放，嘗試各種不同的設計：把比較小棵的多肉聚在一起擺放，增加影響力，比較大棵的多肉就單獨擺放，加上幾株已經開花的，增添一點高度，把最小棵的多肉塞進開口處的窄縫裡。

3 密集種植多肉，讓植株緊密連在一起，把綠之鈴垂掛在邊緣，最後就能蔓生到桌面上。一週澆水一次，擺設乾燥後再澆水，好好培養的話，這個擺設能夠放上好幾年。

WITH COMPANY

酢漿草

SHAMROCK *(Oxalis)*

- 植物種類：一年生、多年生、球莖
- 土壤要求：混合栽培土
- 給水：保持濕潤
- 光線：全日照

據說酢漿草能帶來好運；但要是說起它的學名Oxalis，可能會讓很多園丁不寒而慄——那可是雜草啊！雖然這麼具侵略性，酢漿草卻也是有趣隨和的植物，保持濕潤，接受光照，葉片就能挺立飛舞。

植物

◇4吋盆（直徑約10公分的花盆）「鐵十字」酢漿草1株（*Oxalis deppei 'Iron Cross'*）

容器及材料

◇小型玻璃花瓶，底部約直徑4.5吋（約11公分）、高6吋（約15公分）。◇1/4杯木炭。◇2杯混合栽培土。◇1杯裝飾用砂礫。

1 在花瓶底部鋪上一層薄薄的木炭。
2 用漏斗倒入混合栽培土，上方留下幾吋高的空間。
3 從栽培花盆裡取出酢漿草種進去，接著用漏斗或湯匙舀裝飾用砂礫覆蓋土壤表面，像這裡使用的黑色砂礫能呼應酢漿草的深色中心。
4 輕輕解開纏在一起的葉片，覆蓋在花盆邊緣上，保持濕潤但不要泡在水裡。

ON ITS OWN

RECIPE② 搭配

植物

◆4吋盆（直徑約10公分的花盆）報春花1株（*Primula* 'Victoriana Gold Lace Black'）

◆4吋盆光纖草1株（*Isolepis cernua*）

◆4吋盆虎耳草1株（*Saxifraga stolonifera*）

◆4吋盆「鐵十字」酢漿草1株（*Oxalis deppei* 'Iron Cross'）

容器及材料

◆乳白玻璃附底座花盆1個，直徑6.25吋（約16公分）、高5吋（約13公分）。

1 從栽培花盆裡取出盛開的報春花，擺進花盆裡，接著把光纖草擺在報春花後面，為擺設添加一些趣味動感。

2 從栽培花盆裡取出虎耳草，擺在前方偏左處，讓葉片垂墜落在花盆外。

3 最後從栽培花盆裡取出酢漿草，擺在前方偏右處，輕輕解開纏在一起的葉片，讓葉片在花盆邊緣舞動。這個擺設可以放上幾個月，凋謝時就把植株組合拆解，只留下虎耳草或酢漿草，其餘的都種回栽培花盆裡去。

WITH COMPANY

卷柏

SPIKEMOSS *(Selaginella)*

- 植物種類：蕨類植物門
- 土壤要求：混合栽培土
- 給水：保持濕潤
- 光線：陰暗低光照到半日照

這種有如蕾絲一般的植物喜歡潮濕陰暗的環境，很適合照不到陽光的房間，可供選擇的種類繁多——有些低矮，有些則能匍匐向上攀爬，因此生長習性和你想要的效果息息相關。

RECIPE ① 主場植物

植物

◇2吋盆（直徑約5公分的花盆）卷柏4株（*Selaginella*），袖珍品種

容器及材料

◇彩色箱子，開口約5吋平方（約32平方公分）大小。◇玻璃紙或錫箔紙。

1 挑一個色彩鮮豔的淺箱子，橘色很適合搭配鮮綠，這種簡單的植物最適合配上一點跳躍的色彩！

2 在箱子裡鋪上玻璃紙或錫箔紙，加一層防水保護。

3 從栽培花盆裡取出植株擺進箱子裡，密密排列種植在一起，小心不要擠壓到纖細的葉片，四株卷柏最後會合在一起，長成一整塊。保持濕潤。

ON ITS OWN

RECIPE❷搭配

植物

◆2吋盆（直徑約5公分的花盆）草澤瀉1株（*Echinodorus argentinensis*）

◆2吋盆水藴草1株（*Egeria densa*）

◆2吋盆卷柏3株：1株堆疊型卷柏（*Selaginella*）、2株孔雀蕨（*Selaginellawildenowii*）

◆2吋盆麥冬草2株（*Ophiopogon japonica*）

◆切枝紅石松一段（*Selaginella erythropus* 'Sanguinea'）

容器及材料

◆3個玻璃容器，直徑4吋（約10公分）、高度不拘。◆1/3杯木炭。◆1杯裝飾用砂礫。◆1杯砂質混合栽培土。◆1杯水族砂礫。◆2塊岩石，直徑1到2吋（約3～5公分）。

1 雖然卷柏被當作水生植物來販賣，這種植物在水底卻活不了多久，其他的植物能存活比較久，不過作為短暫擺設欣賞還是很有趣。在每個容器裡都加入一小匙木炭，接著鋪一層0.25吋（約0.6公分）的裝飾用砂礫，從栽培花盆裡取出植株，市面上販賣的水生植物可能種在一種白色的「含水土」裡面，重新種植之前記得要徹底清除這些物質；麥冬草可以分成兩塊，分別種在兩個玻璃盆栽裡。

2 在容器裡加進混合栽培土，用長柄湯匙在土表挖出小洞、種下植株再輕輕覆蓋上土壤，接著在頂端加上一層水族砂礫，用長葉片的切枝紅石松暫時充作高枝植株。

3 小心地放入岩石，增添視覺趣味，用長形工具（我選了長鑷子）整理植株，讓葉片垂覆在岩石上，沿著容器側壁在容器裡注入水，以免攪亂土壤弄濁了水。卷柏凋謝之後，其他的植株仍會繼續蓬勃生長。注意：容器裡會漸漸長出藻類，必要時可以輕輕沖洗去除。

WITH COMPANY

RECIPE 3 特殊場合

非洲堇 *Saintpaulia*
袖珍卷柏
Selaginella
豹紋竹芋 *Maranta*

RECIPE③ 特殊場合

植物

◆6吋盆（直徑約15公分的花盆）豹紋竹芋1株（*Maranta*）
◆4吋盆（直徑約10公分的花盆）文心蘭1株（*Oncidium* 'Twinkle'）
◆4吋盆蕾絲卷柏1株（*Selaginella*）
◆2吋盆（直徑約5公分的花盆）非洲堇1株（*Saintpaulia*）
◆2吋盆袖珍卷柏1株（*Selaginella*）

容器及材料

◆附底座花器1個，直徑12吋（約30公分）。◆附底座花器1個，直徑4吋（約10公分）。

1 挑選銀光閃亮的花器，製造出精美華麗的效果。

2 把豹紋竹芋種在大花器裡，文心蘭保留原來的栽培花盆，擺在豹紋竹芋裡面撐起來，秀出高聳的蘭花。

3 從栽培花盆裡取出蕾絲卷柏，沿著邊緣塞入，由邊緣垂覆下來。

4 在小花器裡種入非洲堇和袖珍卷柏。

5 保持擺設濕潤，蘭花凋謝了以後就移走。

SPECIAL OCCASION

鹿角蕨

STAGHORN FERN *(Platycerium)*

- 植物種類：附生蕨類植物
- 土壤要求：不需土壤
- 給水：表土乾燥後再澆水
- 光線：低光照到明亮

這種植物恰如其名，葉片就像鹿角一樣，但適合吊掛在牆上的理由還不只這一個，它也是附生植物，不需要任何土壤，喜歡附生在分枝或樹木上，因此如果你任由植株生長，應該也能附生在牆壁上；要特別小心毛茸茸的葉片——觸摸可能會磨去這層脆弱的絨毛。

RECIPE ❶ 搭配

植物

◇6吋盆（直徑約15公分的花盆）鹿角蕨1株（*Platycerium bifurcatum*）

◇4吋盆（直徑約10公分的花盆）紅背鴨跖草1株（*Tradescantia zebrina*）

◇6吋盆粉紅銀白葉片觀葉秋海棠1株（*Begonia*）

容器及材料

◇附座木頭花盆1個，直徑10吋（約25公分）。 ◇玻璃紙或錫箔紙。 ◇塑膠襯墊，符合花盆的尺寸。

1 在花盆裡鋪上玻璃紙，再把塑膠襯墊擺進去，植株會種在襯墊裡面。
2 從栽培花盆裡取出全部的植株，把鹿角蕨大角度傾斜擺放，讓蕨葉呈垂直往下垂覆邊緣的模樣。
3 在對角處以同樣的方式擺放紅背鴨跖草。
4 在中央塞進秋海棠，小心地把圖樣美麗的葉片與其他植株交錯放置，給人一種錯覺，彷彿整個設計融為一體共生。保持濕潤，過幾週後重新種植。

WITH COMPANY

RECIPE② 主場植物

植物

◆6吋盆（直徑約15公分的花盆）鹿角蕨1株（*Platycerium bifurcatum*）

容器及材料

◆淺木碗1個，直徑18吋（約46公分）。◆1大把泥炭蘚。◆5堆白髮苔蘚。◆蠟或桐油。◆絕緣電線。

1 可以用任何一塊木頭，但這裡用的桃花心木淺碗非常適合吊掛的蕨類。首先在碗後面裝上一個掛鉤（畫框掛鉤就可以了，但要確定承重量，因為這個擺設很快就會變得沉甸甸），用融化的蠟或是桐油覆蓋木頭表面，避免木頭裂開。

2 把兩種苔蘚分別泡水，從栽培花盆裡取出鹿角蕨，用泥炭蘚裹住根部（作法見第17頁），再用絕緣電線纏繞固定，綁好以後擺在碗上標記位置，移開植株，在記號處鑽兩個洞。

3 把植株放回碗裡，鋪上白髮苔蘚，緊緊裹成圓形，用絕緣電線纏繞固定，接著把電線從鑽好的孔洞穿過去，固定植株和苔蘚，吊掛在陰涼處。一週噴霧澆水一到三次，一週一次正面朝下，放進水桶浸泡一次，這個擺設可以維持好幾年。

ON ITS OWN

百里香

THYME *(Thymus)*

- 植物種類：香草植物
- 土壤要求：混合栽培土
- 給水：保持濕潤
- 光線：直接日照

百里香不只香味馥郁，充滿空氣感的外型也很美觀大方，有雜色跟純綠色兩種。輕輕撫摸細小的葉片後聞聞看，不光是香氣強烈，而且還可以食用呢！

RECIPE ① 主場植物

植物

◇4吋盆（直徑約10公分的花盆）百里香1株（*Thymus vulgaris* 'Lime'）

容器及材料

◇陶瓷小碗1個，直徑6吋（約15公分）。◇1杯小型火山岩。◇手裁麂皮提袋1個。

1 還記得古早以前的繩結吊籃嗎？它們又開始流行了，不過這次有點不同，這個橘色麂皮提袋很簡單，自己就能動手做出來（或者你也可以在網路上買個皮革製的）。

2 保留百里香原來的栽培花盆，這樣比較容易移到水槽裡澆水。

3 在碗裡加進火山岩，避免植株的根部浸在水裡。

4 把百里香放進裝飾用的陶瓷小碗裡，讓葉片鬆鬆地穿插在掛繩之間，再把小碗擺進提袋裡。一週澆水一到三次，保持植株濕潤，可以剪下來好好享用。

ON ITS OWN

RECIPE② 搭配

植物

◆4吋盆（直徑約10公分的花盆）迷迭香1株（*Rosmarinus officinalis* 'Barbeque'）

◆4吋盆金蓮花2株（*Tropaeolum majus*）

◆4吋盆薄荷1株（*Mentha* 'Sweet Salad'）

◆4吋盆奧勒岡1株（*Origanum vulgare* 'White Anniversary'）

◆4吋盆百里香1株（*Thymus vulgaris* 'Transparent Yellow'）

◆4吋盆檸檬羅勒1株（*Ocimum basilicum* 'Mrs. Burns'）

◆4吋盆鼠尾草3株：2株鳳梨鼠尾草（*Salvia elegans*）、1株*S.* 'Grower's Friend'

容器及材料

◆復古水果箱1個，大小約13吋乘11吋（約33公分乘28公分）、高6吋（約15公分）。◆園藝防草布1卷，裁成3呎（約91公分）大小。◆8夸脫（容量約8.8公升）混合栽培土1袋。

1 在箱子裡鋪上園藝防草布，可以讓水排出去，留下土壤，加入足量的混合栽培土，讓植株可以從箱子上方探出頭來。如果想擺在怕水的表面，記得先多加一層防護襯墊。從栽培花盆裡取出植株，先在一角種下最高的迷迭香，在另外兩個角落裡種下金蓮花，讓其中一株懸垂在箱子邊緣，另一株則保持直立。

2 加進薄荷，薄荷很容易蔓延生長，所以保留原有的栽培花盆，能夠簡易控制植株繁衍。

3 用乳白黃雜色的奧勒岡和百里香，在中央做出有如蜿蜒小溪的效果，由邊緣溢流而下，空隙處填進羅勒、鳳梨鼠尾草和鼠尾草。一週大約兩次，把箱子抬起來擺進廚房水槽裡澆水，瀝乾後再擺回檯面上，乾燥後再澆水。

WITH COMPANY

RECIPE ③ 特殊場合

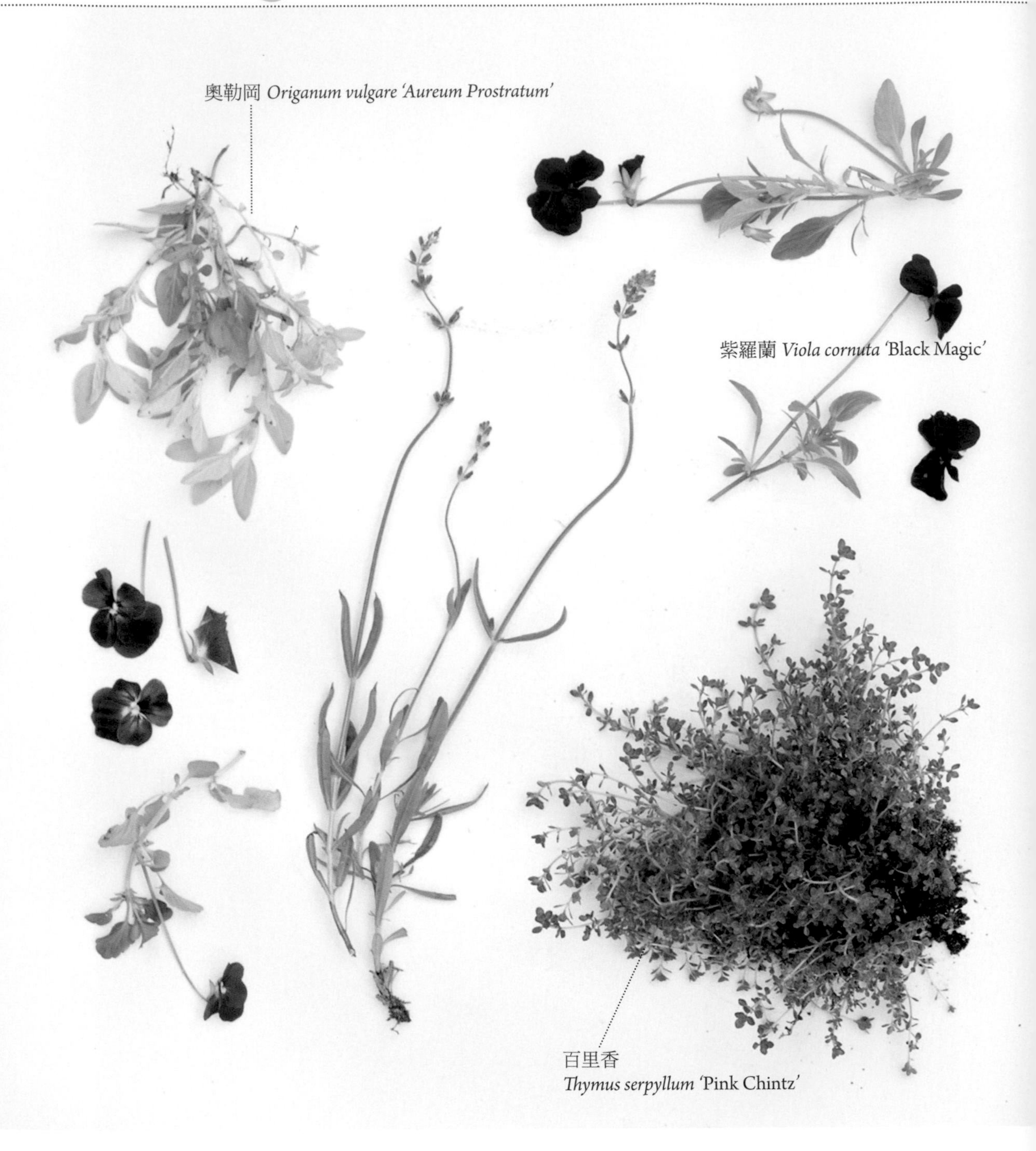

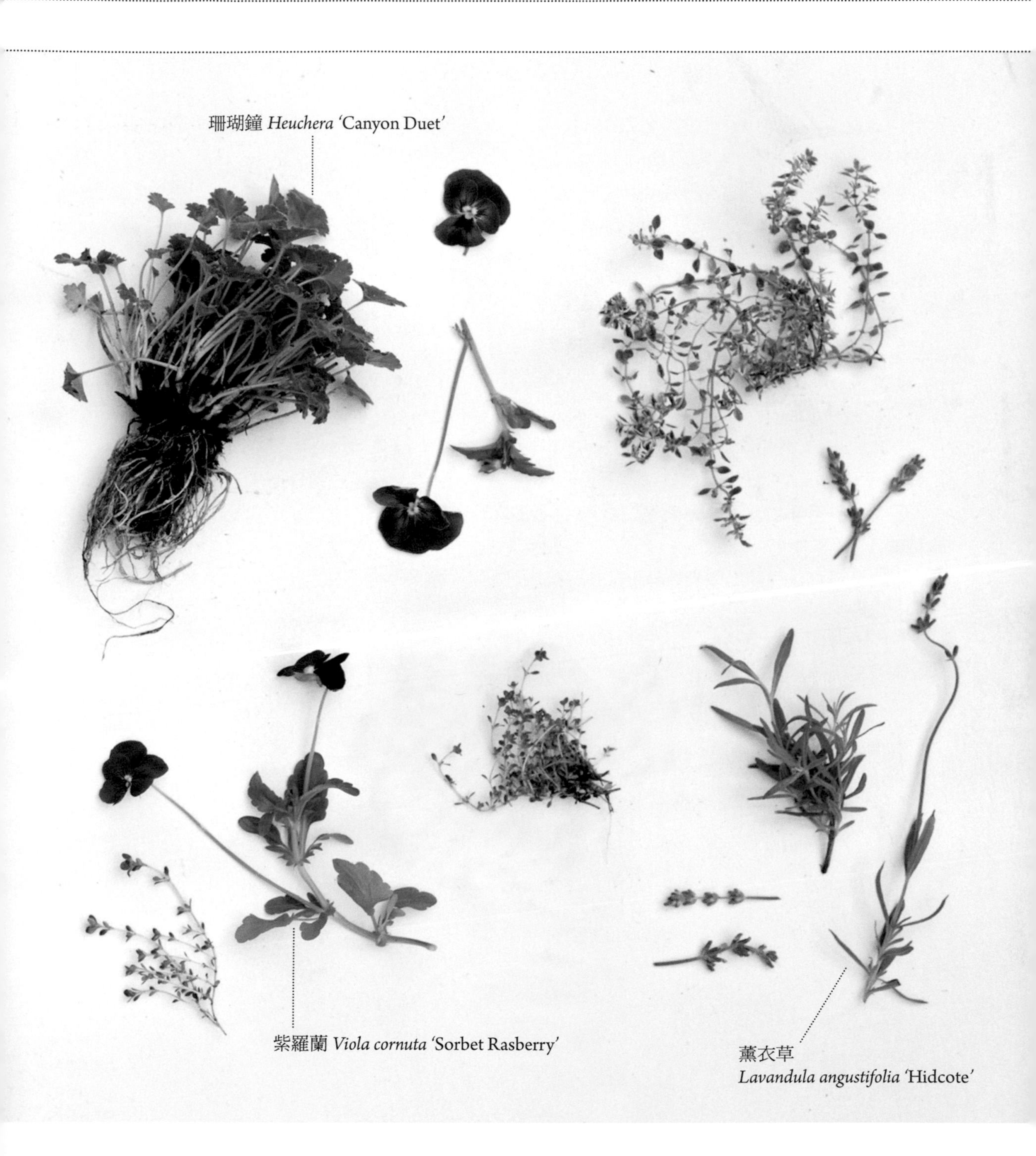
珊瑚鐘 *Heuchera* 'Canyon Duet'
紫羅蘭 *Viola cornuta* 'Sorbet Rasberry'
薰衣草
Lavandula angustifolia 'Hidcote'

RECIPE③ 特殊場合

植物

◆4吋盆（直徑約10公分的花盆）百里香4株：1株*Thymus serpyllum* 'Pink Chintz'、2株*T. serpyllum* 'Elfin'和檸檬百里香1株（*T.* 'Lemon'）

◆4吋盆紫羅蘭1株（*Viola cornuta* 'Black Magic'）

◆2吋盆（直徑約5公分的花盆）紫羅蘭4株（*Viola* 'Sorbet Rasberry'）

◆4吋盆黃金奧勒岡1株（*Origanum vulgare* 'Aureum Prostratum'）

◆4吋盆珊瑚鐘1株（*Heuchera* 'Canyon Duet'）

◆4吋盆薰衣草2株（*Lavandula angustifolia* 'Hidcote'）

容器及材料

◆直立銅框花器1個，大小16吋乘5吋（約41公分乘13公分）、高24吋（約61公分）。◆15杯混合栽培土。

1 把銅框平放在桌上，填進混合栽培土，裝到2/3滿。

2 從栽培花盆裡取出所有植株，擺在一旁規劃設計，沿著邊緣種植百里香，讓百里香長到框子上面，使邊緣柔和些，並且能在金屬表面製造出陰影的效果。

3 在中央填進盛開的紫羅蘭，穿插奧勒岡和珊瑚鐘，把薰衣草種植在頂端，讓薰衣草往天空的方向生長，橫越銅框。

4 一週一到三次，均勻地澆水，框子底部有個蓄水處，能夠承接多餘水分，以免家裡受潮，掛在窗戶上，適時修剪，好好欣賞。

SPECIAL OCCASION

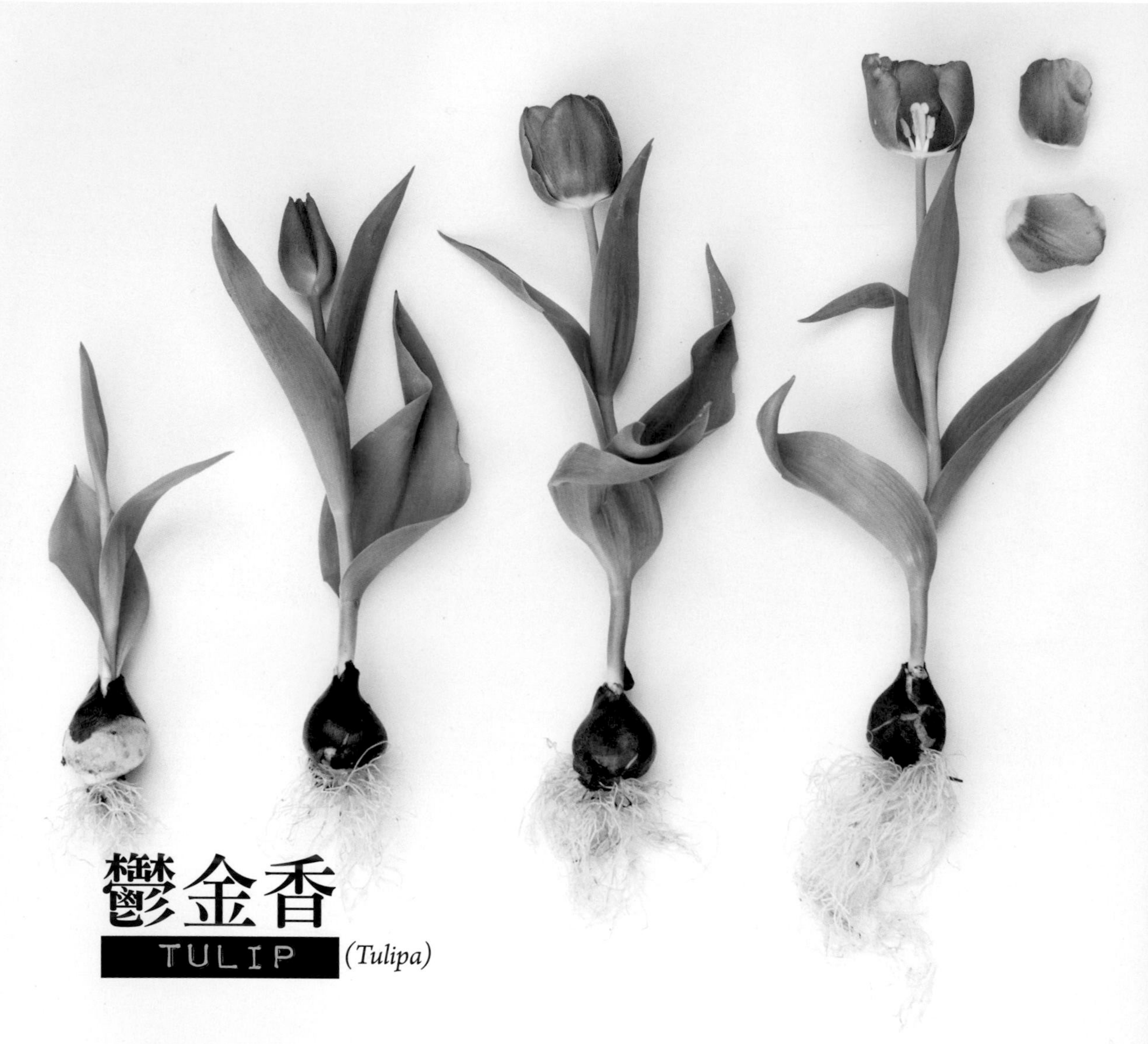

鬱金香

TULIP *(Tulipa)*

- 植物種類：球莖
- 土壤要求：混合栽培土
- 給水：保持濕潤
- 光線：全日照

春天或初夏時，很容易在雜貨店或苗圃找到這些轉瞬即逝的色彩，長長的花莖和花朵每天都有變化，直朝天際而去，接著花苞迸裂，伸展得更長，最後垂下凋謝。

RECIPE ❶ 搭配

植物

◇4吋盆（直徑約10公分的花盆）珊瑚鐘1株（*Heuchera* 'Fire Alarm'）

◇6吋盆（直徑約15公分的花盆）開花的球根海棠3株（球根海棠*tuberous Begonias*常見於夏季，有滿滿的盛開花朵）

◇6吋盆鬱金香3株（*Tulipa*）

容器及材料

◇錫花盆1個，直徑12吋（約30公分）。◇金屬蛋糕架1個，直徑12吋。◇5杯混合栽培土。

1 把花盆擺在金屬蛋糕架上，墊出高度對這個擺設很重要。
2 在花盆裡加進混合栽培土，裝到3/4滿為止，從栽培花盆裡取出植株，擺在一旁備用，先把珊瑚鐘擺在花盆左前方邊緣處，把盛開的海棠花擺在珊瑚鐘右邊，讓玫瑰花樣的花朵在右方邊緣飄蕩。
3 在花盆中央後方堆進更多混合栽培土，接著種進鬱金香，讓鬱金香比前面的植株高，必要的話可以把球莖分開，讓花朵分散些，但要注意保持根部完整；輕輕按摩溫熱鬱金香的花莖，讓花朵轉往你想要的方向，必要時，也可以用隱藏的木樁來做比較大幅度的調整。
4 鬱金香很快就會凋謝，花謝以後，拆解擺設，把鬱金香拿去當作堆肥，海棠重新種回盆子裡，能盛開一整個夏季。

WITH COMPANY

RECIPE ② 主場植物

植物

◆正要開始綻放的鬱金香球莖8株（*Tulipa*），高度不等

容器及材料

◆低矮金屬淺盤1個，長10吋（約25公分）。◆1/2杯小型火山岩。◆3杯混合栽培土。◆1杯裝飾用砂礫。

1 挑選已經有花苞但尚未完全開花的鬱金香球莖，部分驚喜就在於看著花朵逐漸綻放。在淺盤裡倒入一層薄薄的火山岩，接著加入少量混合栽培土。

2 從栽培花盆裡取出球莖，小心地分開，在淺盤裡種成一列，必要時，加入更多的混合栽培土覆蓋住球莖。

3 用勺子舀裝飾用砂礫略微蓋住球莖，並把混合栽培土表面完全蓋住，保持濕潤，擺在涼爽處。

ON ITS OWN

RECIPE 3 特殊場合

珊瑚鐘
Heuchera
酢漿草
Oxalis siliquosa 'Sunset Velvet'

RECIPE③ 特殊場合

植物

◆1加侖盆（容量約3.8公升的花盆）杏黃色珊瑚鐘1株（*Heuchera*），可以找名稱裡有*peach*或*caramel*的品種
◆6吋盆（直徑約15公分的花盆）菱葉白粉藤1株（*Cissus rhiombifolia*）
◆4吋盆（直徑約10公分的花盆）金邊白菖2株（*Acorus* 'Ogon'是不錯的選擇）
◆4吋盆「小紅楓」酢漿草1株（*Oxalis siliquosa* 'Sunset Velvet'）
◆4吋盆鬱金香4株（*Tulipa*）

容器及材料

◆紅色塑膠大碗，直徑10吋（約25公分）、高6吋（約15公分）。◆5杯混合栽培土。

1 在大碗裡裝進2/3滿的混合栽培土。

2 從栽培花盆裡取出所有植株，擺在一旁備用。靠著左邊碗緣種下珊瑚鐘，右邊碗緣種下菱葉白粉藤，讓藤蔓垂掛而下，騰出空間來。

3 把白菖植株分開，一簇簇種在擺設中央；把酢漿草塞進大後方處和右邊。

4 保持鬱金香球莖根部完整，全部一起擺進碗裡後方處，視需求堆高或舀出土壤來改變高度；把菱葉白粉藤的藤蔓穿插交織在其他植株裡。

5 這是一個暫時的擺設，等鬱金香凋謝之後，把菱葉白粉藤重新種回盆子裡，會是一盆很棒的室內植栽，美麗的珊瑚鐘可以種在花園裡。

SPECIAL OCCASION

水芙蓉

WATER LETTUCE *(Pistia stratiotes)*

- ◆ 植物種類：水生植物
- ◆ 土壤要求：水
- ◆ 給水：保持潮濕（漂浮在水上）
- ◆ 光線：全日照

這些夏日植物擁有螺旋狀的漂浮玫瑰花樣，而且更有看頭的是下方的根部，幼細如羽毛般，在水中擺盪、在光線下閃耀，橫生的藻類不會構成威脅，因為這些水中玫瑰能夠打敗藻類，把髒汙當作養分；水芙蓉最好養在容器裡，因為在許多地區它都是入侵物種，不該種植在野外——包括你家後院跟花園都不行。

RECIPE❶ 主場植物

植物

◇4吋盆（直徑約10公分的花盆）水芙蓉2株、2吋盆（直徑約5公分的花盆）水芙蓉1株（*Pistia stratiotes*）

容器及材料

◇長頸手工吹製玻璃容器1個，開口4吋（約10公分）。

1 在玻璃盆栽裡裝進1/3的水，傾斜擺放，固定好圓形的底部。
2 輕輕清除植株根部的泥土，略微修剪，讓根部呈現出比較美觀的樣子。
3 摘除枯黃的葉片，把水芙蓉放在玻璃容器的水面上漂浮，必要時可以沖點水進去；擺在光線明亮處，但不要曝露在直射陽光下。

ON ITS OWN

RECIPE ② 搭配

植物

◆4吋盆（直徑約10公分的花盆）水芙蓉2株、2吋盆（直徑約5公分的花盆）水芙蓉1株（*Pistia stratiotes*）

◆一把浮萍（*Lemnoideae*）

容器及材料

◆陶瓷淺碗1個，直徑13吋（約33公分）。

1 在碗裡裝滿清水，離碗緣2吋（約5公分）高，輕輕清除水芙蓉根部，略微修剪，摘除枯黃葉片，在碗裡近中央處放一株大的水芙蓉，梳整根部，讓根部露出來。

2 用同樣的方法擺放另外兩株水芙蓉，整理根部，美化俯瞰的視野，與藍色的碗形成對比。

3 輕輕把浮萍倒進碗裡，這些小小的植物可能會黏在手指上，此時只要輕輕地在水中涮涮手指就可以了。保持水滿。

STEP1

STEP2

STEP3

WITH COMPANY

霸王空氣鳳梨

XEROGRAPHICA *(Tillandsia xerographica)*

- 植物種類：附生植物
- 土壤要求：大部分不需要土壤
- 給水：喜愛雨水霧露，一週噴霧或浸泡一次，表土乾燥後再給水
- 光線：間接日照

這種奇妙的空氣鳳梨簡直就像隻章魚，可愛的觸角四處捲曲；不過最神奇的是它不需要土壤，沒錯，把植株擺在桌上，好整以暇地欣賞即可。一週浸水一次，甩乾水分，就能從容欣賞一整週的無土植栽擺設。

RECIPE ① 主場植物

植物

◇霸王空氣鳳梨5吋（直徑約13公分）2株、8吋（直徑約20公分）1株（*Tillandsia xerographica*）

容器及材料

◇木頭箱框，12吋平方（約77平方公分）大小。

1 把箱框擺在桌上，搭配大膽沉穩色調的牆面，能夠凸顯這個擺設。
2 輕輕拿起5吋霸王空氣鳳梨，拉開植株的觸角，繞在箱框右上角，讓植株掛在右上角角落裡，接著再把第二株5吋霸王空氣鳳梨擺放在箱框右下角。
3 重複同樣的步驟，把大株的霸王空氣鳳梨擺在箱框左上角，平衡另外2株的重量。

RECIPE❷ 搭配

植物

◆4吋盆（直徑約10公分的花盆）文心蘭1株（*Oncidium* 'Pacific Sunrise Hakalau'）

◆1加侖盆（容量約3.8公升的花盆）日本蹄蓋蕨1株（*Athyrium niponicum pictum*）

◆8吋（直徑約20公分）霸王空氣鳳梨1株（*Tillandsia xerographica*）

容器及材料

◆上釉淺碗1個，直徑8.5吋（約22公分）、高3吋（8公分）。◆塑膠襯墊，直徑4吋（約10公分）。◆3杯混合栽培土。◆1杯蘭花栽培樹皮介質。

1 在淺碗內中央至後方處擺上塑膠襯墊，裡面裝進混合栽培土，檢查蘭花栽培花盆的尺寸，如果放得進塑膠襯墊裡就擺進去（這樣比較方便每週把蘭花拿出來澆水，瀝乾後再擺回去），如果放不進去，就從栽培花盆裡取出蘭花，擺在襯墊裡。

2 在蘭花四周填進栽培樹皮介質，接著在蘭花前方和左邊土面上用勺子挖一個小洞。

3 把蹄蓋蕨從栽培花盆裡取出，輕輕鬆開土壤，放進勺子挖好的洞裡，植株與碗緣齊平，必要時可以稍微修剪。用樹皮介質覆蓋土壤表面，擺上霸王空氣鳳梨。一週一次，把蘭花和霸王空氣鳳梨拿下來澆水，蹄蓋蕨也是一週澆水一次。

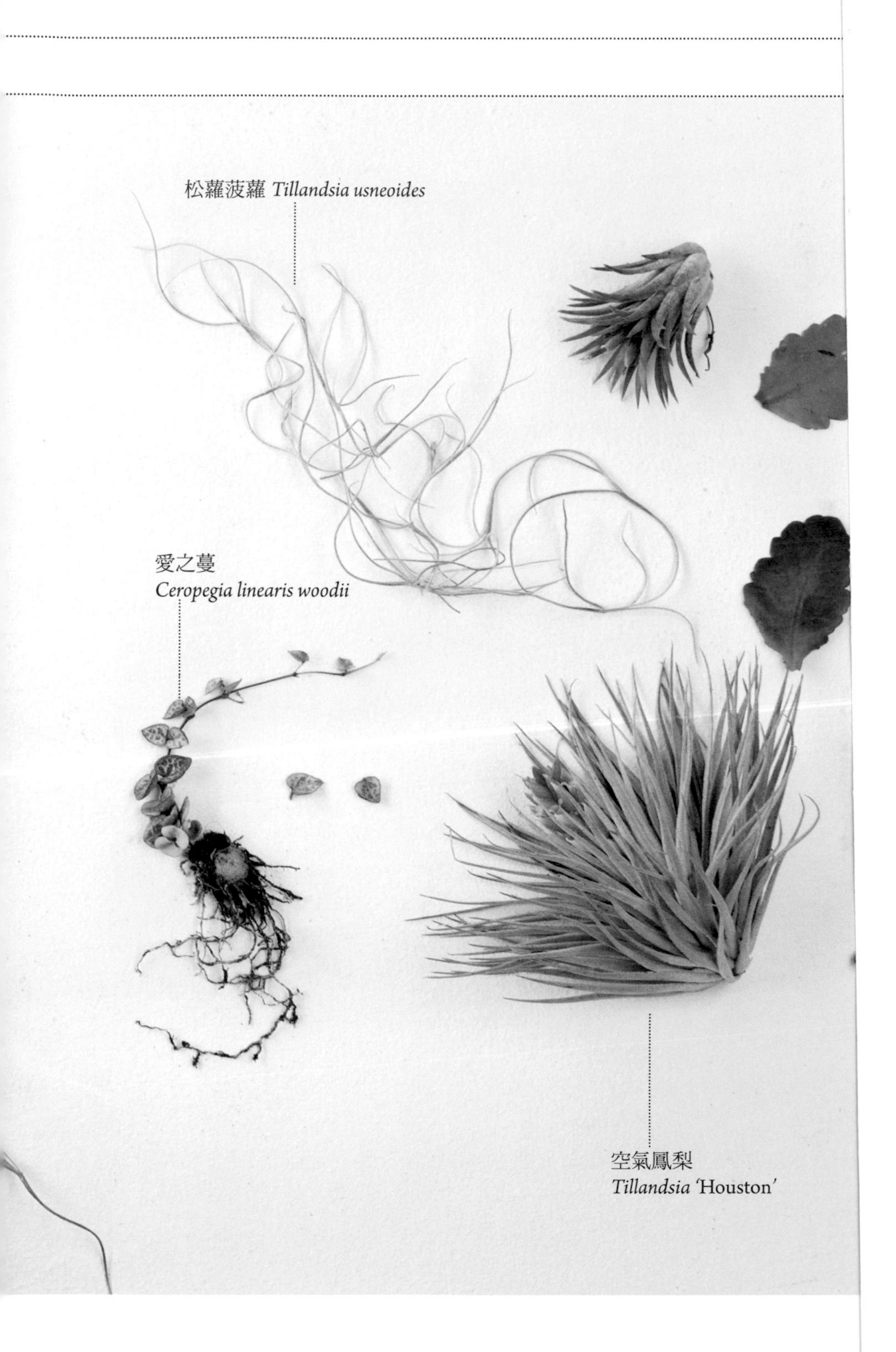
松蘿菠蘿 *Tillandsia usneoides*
愛之蔓
Ceropegia linearis woodii
空氣鳳梨
Tillandsia 'Houston'

WITH COMPANY

RECIPE 3 特殊場合

RECIPE 3 特殊場合

植物

◆2吋盆（直徑約5公分的花盆）長壽花4株（*Kalanchoe blossfeldiana*）

◆2吋盆嫣紅蔓3株（*Hypoestes*）

◆2吋盆或切枝石蓮花5株：3株粉紅色系的（紫珍珠石蓮花*Echeveria* 'Perle von Nurnberg'）、2株絨毛葉片的（桃樂絲泰勒石蓮花*Echeveria* 'Doris Taylor'，是不錯的選擇）

◆1到2吋（約3到5公分）長生草切枝一段（*Sempervivum*，找名字裡有red這個字的品種）

◆2吋變紅的空氣鳳梨1株（*Tillandsia ionantha*）

◆4吋盆（直徑約10公分的花盆）愛之蔓1株（*Ceropegia linearis woodii*）

◆4吋已開花空氣鳳梨2株（*Tillandsia* 'Houston'很受歡迎）

◆6吋（直徑約15公分）霸王空氣鳳梨4株（*Tillandsia xerographica*）

◆一簇松蘿菠蘿（*Tillandsia usneoides*）

容器及材料

◆7呎（約2.1公尺）長的家具織帶一段。◆釘槍。◆12吋平方（約77平方公分）大小錫箔紙兩張。◆1/2杯混合栽培土。◆牆面或一大片上漆的木板。

1 在牆上攤開織帶，由最左端量18吋（約46公分）釘在牆上，讓18吋長的織帶垂掛著，接著從另一端也量18吋長，擺在距離第一個固定處右邊約3呎（約91公分）的地方，固定以後讓織帶垂覆下來；接著聚攏中間的織帶釘在牆上，做出扇貝狀的口袋和迷你架子，拿起18吋尾端的織帶做出口袋狀釘牢，兩端都一樣這麼做。

2 從栽培花盆裡取出所有植株，把土壤和根部包在錫箔紙裡，這是一個暫時性的擺設，錫箔紙雖然能夠保護牆壁和織物，避免沾汙，卻不適合植物長久生長。

3 在口袋裡裝進植株，緊緊塞在一起，也擺進不需要土壤的空氣鳳梨，讓愛之蔓從一端垂掛下來，蜿蜒到中央頂端處。

4 輕輕拉開霸王空氣鳳梨的葉片，夾在織帶上，必要時，可以用熱熔膠或鐵絲加強固定。

5 植株開始凋謝時（嫣紅蔓應該會最先枯萎），拿出來種回盆子裡，保留其餘植株繼續欣賞，空氣鳳梨應該可以維持最久。一週噴霧澆水一到三次，一週把空氣鳳梨拿下來泡水一次。

SPECIAL OCCASION

十二之卷

ZEBRA PLANT *(Haworthia)*

◆ 植物種類：多肉
◆ 土壤要求：仙人掌栽培土
◆ 給水：表土乾燥後再澆水
◆ 光線：低光照到間接日照，光線越強，葉片顏色就越鮮豔

十二之卷大概是十二卷屬裡最常見也最容易種植的品種，理由很簡單：它的葉片外側有著引人注目的白色線條——雖然水晶掌幾乎是青綠色。這種小植物的生長速度緩慢，很容易存活，就像大部分的多肉植物，側緣會長出「芽苞」。

RECIPE ❶ 主場植物

植物

◇2到4吋盆（直徑約5～10公分的花盆）十二之卷1株（*Haworthia fasciata*）

容器及材料

◇凹凸面陶瓷花器一個，直徑3.5吋（約9公分）、高3吋（約8公分）。 ◇1/2杯仙人掌栽培土。

◇1/4杯裝飾用砂礫。

1 白色條紋是這種植物最引人入勝的特質，同樣白色的凹凸面陶瓷花盆可以襯托多肉上的水平白色條紋。

2 從栽培花盆裡取出十二之卷，擺在花器裡，仙人掌栽培土的高度只能稍微低於花器邊緣，太低的話就多加點土，太高的話就挖出來重種。

3 用紙漏斗或是湯匙在土壤表面鋪上裝飾用砂礫。一週一次澆水少許，倒出多餘水分，以免根部泡在水裡。

ON ITS OWN

RECIPE ② 搭配

植物

◆2吋盆（直徑約5公分的花盆）或切枝寶珠1株（*Sedum dendroideum*）

◆2吋盆長生草3株（*Sempervivum* 'Icicle', *S.* 'Sunsets'和*S.* 'Commander Hay'是不錯的選擇）

◆2吋盆盛開的紅稚兒1株（*Crassula pubescens* ssp. *radicans*）

◆玉綴幼苗切枝1株（*Sedum* 'Burrito'）

◆4吋盆（直徑約10公分的花盆）十二卷屬1株（試試*Haworthia turgida*或*H. cymbiformis*）

◆景天切枝1株（試試*Sedum dasphyllum*）

◆4吋盆十二之卷1株（*Haworthia fasciata*）

容器及材料

◆附底座玻璃斜切口花器1個，直徑7吋（約18公分）。◆1杯裝飾用砂礫。◆1杯仙人掌栽培土。◆4吋（約10公分）長葡萄藤木2塊。

1 在花器裡裝進3/4滿的裝飾用砂礫，既可做為設計元素，也可以用來監控水量（很容易就能從砂礫裡看出來還剩多少水分）。

2 倒進仙人掌栽培土，裝到距離花器最低處1吋（2.54公分）左右。把葡萄藤木擺成V字形，放進花器裡，從栽培花盆裡取出所有的多肉，擺在一旁備用。

3 把多肉種到花器裡，讓植株看起來就像從葡萄藤木長出來的一樣，用木塊撐起多肉植株；把十二之卷擺在中心當作視覺焦點，用漏斗把裝飾用砂礫倒進隙縫裡，輕輕搖晃擺設，鋪平砂礫。用滴管或湯匙平均地澆水，澆到濕潤即可，乾燥後再澆水。

STEP1

STEP2

STEP3

WITH COMPANY

致　謝

Sophie de Lignerolle在Lila B.展露了她的才華，身為我的得力助手，她對本書中的設計貢獻良多，我能夠同時寫書和經營公司，全靠Lila B.裡的人幫忙，Max Schroder、Cliff Fogle、Shannon Lynn、Brandon Pruett、Mimi Arnold，在我傾全力撰寫本書時，讓我們的公司持續運作不輟，創意源源不絕。

給Janet Hall，很謝謝你把我介紹給Kitty Cowles，Kitty提出了我夢想中的計畫，讓美夢成真，我非常感謝她的引薦、洞見與支持；感謝Lia Ronnen的信任、遠見和耐心，在她的引導之下，本書得以茁壯成長；感謝Michelle Ishay-Cohen和Kara Strubel的設計創意；謝謝Keonaona Peterson和Sibylle Kazeroid仔細校看稿子；Paige Green的驚人攝影才華，她的光線美感、角度取景，讓本書裡的擺設活靈活現；謝謝Molly Watson的文字魔法，她有一種才華，能夠如實記錄我的話語卻又好聽得多。

爸媽和姊妹的體貼寬容滋養了我，包括酒食散步和傾聽；好友Rex Ray和Granville Greene的忠告和經驗談總能鼓舞我堅持下去；謝謝Tom Ortenzi自願花時間幫我經營公司，多肉花園和舊金山觀葉植物的Lawrence Lee和Robin Stockwell不厭其煩地坦誠回答我關於植物的一大堆問題，Del McComb、Lawrence Lee、Emily Morris、Jose Torres和Jeanne Berry，都是我早期最好的園藝夥伴。

謝謝美麗生態友善莊園裡的每個人，給予我和我的園藝風格如此正面的影響；還有Stable咖啡館的Thomas Lackey，萬分感謝他好心地出借自家咖啡館庭院讓我們拍照，讓我們每個禮拜都把他的後花園當作攝影棚，本書中每張照片都能一窺他的花園，感受他的慷慨大方。

最後，我要深深感謝好心的朋友、藝術家和公司行號，出借本書中所用到的容器：Rex Ray（第53頁和227頁，第119頁和239頁的花盆）、Kellie Seringer（第95頁和257頁）、Kelly Lamb（第211頁）、Esther Pottery（第117頁）、Living Green（陶器，第55頁）、Lawrence LaBianca（第255頁）、Lila B.（第217頁和239頁）、Pseudo Studios（第33頁、75頁、163頁和175頁）、Old & Board （第129頁和201頁）、Miles Epstein（第133頁）、Joe Chambers（第137頁）、Williams-Sonoma和Agrarian（第245頁）。